献给曾经单身的自己

Mr.Tree

吃货漫语

一树 著

青岛出版社 QINGDAO PUBLISHING HOUSE
国家一级出版社
全国百佳图书出版单位

PART 1

我的最爱

PART 2

单身必读

PART 3

妈妈拿手菜

PART 4

全国人民爱川菜

PART 5

番外篇

PART 6

休闲的西点咖啡

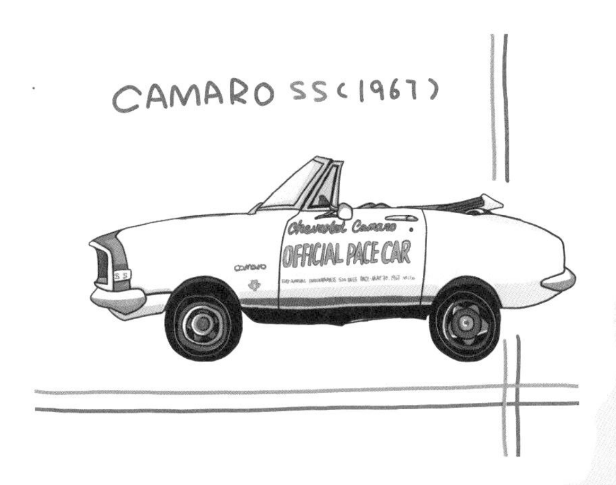

树先生的话

虽然刀工不行，但我是可以做一些菜的。

大部分的菜，我看过、吃过后回家总是可以搞得八九不离十，因此时常会得到家人、朋友的称赞：“你真是个大厨！”“这种菜你在家也可以做出来？！”“告诉我这是怎么做的？”“以后这种事情都交给你了！！”“要是刀工再好些就可以去做厨师了！”

……

虽然基础不够，但我是可以画一些图的。

大部分的东西，我看过、摸过后总是可以用我的方式表现到别人可以看得懂的程度。而且，看过我画的图的人会说：“画得挺有意思啊！”“你学过？”“这种风格叫什么？”

……

于是，当第37遍被人问到“快告诉我回锅肉要放什么酱炒，炒到什么程度，放什么菜搭配”的时候，我决定把做菜的步骤画出来给他们看，画了大概得有50个吧，朋友们很喜欢，也照着做了，啊，终于清闲了……

然而，一天，有一个朋友怒气冲冲地问我：“为什么照着你的图做出的菜一点都不咸？！”

PART 1

我的最爱

能吃会做，谓之极品吃货。那做菜之于我们的意义，绝不仅止于填饱肚皮。民以食为天，在精心烹饪的表象之下，是一颗专注于生活的心。人生百味，也许你无法掌控，但盘中百味，却可肆意挥洒、快意恩仇。承认吧，没有不会做饭的人，只有不想做饭的心。希望这些并不复杂的菜式，能给你既有的厨艺增加一点灵感，能为你琐碎的生活添上一抹亮色。用心做菜，用心生活，看看“我的最爱”，也许，你也能找到你的心之所属。

锅㸆豆腐

你需要准备：

讲究和不讲究

锅㸆源于鲁菜，指的是将炸过或煎过的食物佐以适当的调味料入小汤中再煨制入味的烹饪方式。

在清乾隆年间，此菜荣升为宫廷菜。当然，其原料及做法也随之升级，不是寻常百姓吃得起的。

那“锅㸆”就此消失于百姓的食谱中了么？

当然不是。

锅㸆的妙处在于对食材的包容性极为宽泛，你将金华火腿与海参、鲍鱼置于豆腐箱里锅㸆，是此法；只拿豆腐用油煎后再锅㸆，亦是此法。

讲究？不讲究？

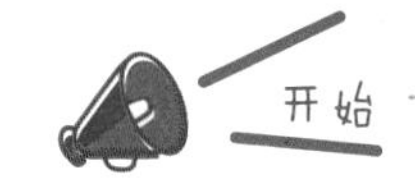

Step 1

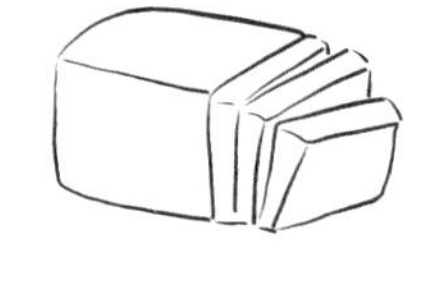

把豆腐切成4厘米×4厘米的方块状，厚度控制在2厘米左右，当然也可以按你的习惯来切豆腐。

Step 2

将两个鸡蛋打入碗内，加少许面粉和淀粉以及适量胡椒粉搅拌成糊。

Step 3

把每块豆腐均匀地蘸上蛋液。

Step 4

锅里加平日炒菜2倍的油，小火烧热，放入豆腐，煎至两面金黄，一定要小火煎。

Step 5

煎好的豆腐起锅。把蒜头切成薄片，锅里加少许油炒香蒜片。当然，如果各位喜欢葱和姜爆锅也可加入，喜欢辣的还可以加两个干辣椒。

Step 6

炒香蒜片后，加入香菜段（提前洗净切段），同时加入酱油（不喜欢可以用盐替代）、糖和小半碗清水。

Step 7

待锅里的汤汁一热，就将煎好的豆腐倒进去，烧制一会，让豆腐入味，待汤汁收干就可以出锅啦！！

闲话

我记得在一档节目里有一名人做过这个菜，就是那个抱着吉他和狗唱歌的人……
叫什么来着？？叫……

牛肉切成大块，胡萝卜切块，西红柿切块，洋葱切块。

把牛肉放大碗里，倒入一点红酒和黑胡椒，腌制10分钟以上。

用洋葱铺底，上面放上牛肉、胡萝卜、西红柿，倒上半瓶红酒（用量不能少）和橄榄油，撒上黑胡椒，有柠檬皮也可以放上。噢，还有盐。

160℃，上烤箱烤40分钟。

如果没有烤箱:

Step 1

把切好的牛肉、胡萝卜、西红柿、洋葱都放到锅中。其实，我觉得用炖锅炖这个菜味道也还不错。用烤箱，家里没那么大的……

Step 2

同样倒入半瓶红酒、1小碗橄榄油，加适量黑胡椒、盐。拌匀后开大火烧。

Step 3

大火烧开后转成小火，至少炖40分钟。要炖到牛肉酥烂，汤汁浓稠，这个菜才好吃。如果有柠檬、肉桂粉、迷迭香、红椒，可以适量加入，成菜味道会更具异国风情！！

Tips

有人说用半瓶红酒来做菜成本太高，那么你可以尝试减少红酒量，同时加清水来完成这道菜，但不加红酒是不行的。也有人反映这道菜西味太浓，吃不来，并问把牛肉改为猪肉行不行？不行！红酒只能配牛肉。配猪肉？不伦不类……

红烧牛尾

好吃

相传早在周朝，红烧牛尾就已是关中人民的盘中美食了。相传秦始皇统一六国后外出巡视，巡着巡着就饿了，饿了就去了一家牛肉馆。碰巧这牛肉馆的肉全卖光了，主人家不敢怠慢，战战兢兢地将唯一的牛尾红烧奉于始皇帝，帝用后龙颜大悦，曰：“好吃！！！”

这故事八成是不靠谱的，据记载秦始皇不像是个这么随和的人。哈哈，开玩笑了，一个皇帝不太可能随便下馆子吧？但靠谱的是红烧牛尾确实好吃。因为牛的尾巴是要不停地活动的，动得多，肉质就紧实，加上这个部位少脂肪而多胶质，拿来红烧最是恰当了。

管他秦始皇到底如何，菜好吃就行。

你需要准备：

牛尾斩成段，放入清水中浸泡至少30分钟，中间要多次换水，泡出全部血水。

锅中加入2大碗水，烧开后依次放入酱油、料酒、糖、胡椒、八角。

Step 3

放入浸泡好的牛尾，大火将水烧开。

Step 4

水开后放入葱段、姜片、蒜头，同时将火力转至小火。

Step 5

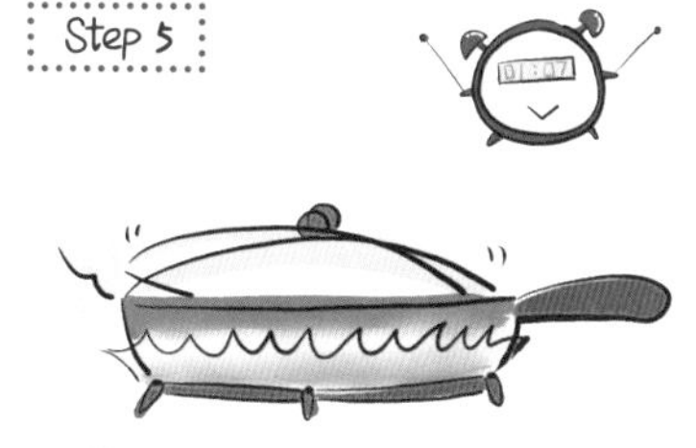

保持小火，炖制1小时左右，需要注意的是中途不可再加凉水，如水烧干了可加入热水，但一次性加够水量最佳。

Step 6

炖制30分钟时，加入切好的西红柿一同炖制，同时可以再次加入少许糖和胡椒粉。

1. 牛尾：富含蛋白质、脂肪、维生素等成分，是牛身上味道最为鲜美的部分，可补精髓，养气血。
2. “红烧牛尾”是陕西名菜，传说秦始皇出巡路上饿了，来到一家牛肉馆，碰巧肉馆牛肉已卖完，主人家胆战心惊地将唯一一条牛尾为秦始皇红烧，谁知他从未吃过牛尾，食后大悦，赏！！！

啤酒鱼

你需要准备：

辣椒　葱姜蒜　草鱼　糖　青岛啤酒　料酒　酱油　胡椒粉

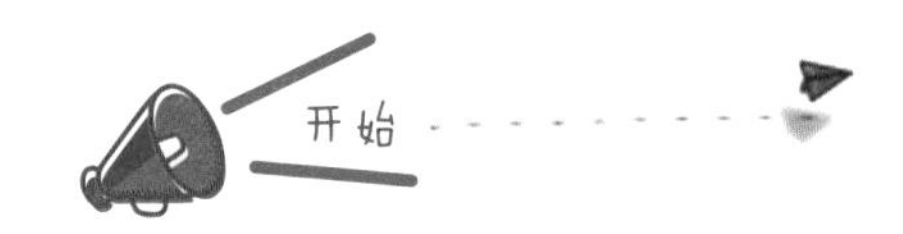

Step 1

草鱼洗净去除内脏，头尾可做剁椒鱼，今天只用鱼身。切成3厘米左右的段。

Step 2

用一块姜来回擦擦锅底，可防粘锅。锅里倒油，烧热。

Step 3

把鱼块放入锅中，小火煎至两面金黄。

Step 4

把鱼先盛出来，放入切好的葱段、姜片、蒜及红辣椒爆香。

Step 5

重新放入煎过的草鱼。

Step 6

倒入1勺料酒，2勺酱油，炒匀。

Step 7

倒入没过鱼的啤酒，同时放 1 勺糖。

Step 8

盖上盖子，大火煮10分钟，出锅前加1勺胡椒粉即可！

Tips

1. 要吃真正的啤酒鱼需要去阳朔，用漓江鲜活鲤鱼以茶油炸制，再以桂林产啤酒炖制为佳。
2. 原创啤酒鱼不刮鱼鳞，带鱼鳞炸制，风味独特！

苹果虾仁西芹沙拉

今天这道菜，比较适合瘦身的人吃，男女皆宜。

你需要准备：

虾

苹果

西芹

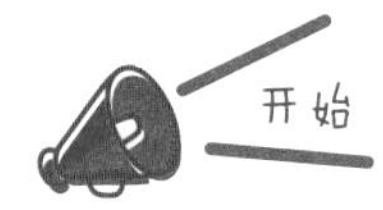

烧开水，把虾煮熟后取出剥成虾仁，凉透。

把西芹用开水焯熟，时间2分钟。

苹果削皮后切块。

把3种食材加沙拉酱和少许盐拌匀即可。

Tips

1. 用煮虾水焯西芹，味道更鲜美，但要保证虾是干净的。
2. 煮芹菜时往水里滴几滴油，可使芹菜颜色光鲜，口感爽脆。

微波烤肉

正确使用微波炉

微波炉无疑是一项伟大的发明。这个由美国雷达工程师斯彭塞发明的物件经过60多年的不断改良已经成为千家万户厨房中的必备品。它的工作原理最好留给科技工作者来研究，我们关心的是最近有人说这玩意儿在使用时产生的辐射超标，对人体会产生极大的危害。

什么情况？！

辐射是有的，毋庸置疑。

辐射的问题工程师比我们想到的要早，他们已经努力地把这些危害降到了最低并保证其对人体不会造成伤害，这个我特别信。你没看到白宫也用微波炉么？

关注点不应该是辐射，而是如何正确地使用它。

你需要准备：

调腌料：把胡椒粉、蜂蜜、孜然粉、糖、辣椒粉、五香粉、甜面酱、酱油按一定量放入碗内，最后加入一点油和一点酒（白酒）再混入水，调成一碗汁，量根据烤肉数量决定。

Step 2

把猪里脊肉切成小块。如果想让肉变嫩，教你个小方法：提前把肉放在水里浸泡10分钟。

Step 3

把切好的肉放入腌料中腌制，将其放入冰箱冷藏室中，冷冻15分钟会更有滋味，有条件可腌制一夜，味道更佳！

Step 4

将腌好的肉用竹扦串好，放入烧烤盘中。对了，盘中要提前倒少量酱油和水，再将肉放上。

依据个人口味，再撒上调料（五香粉、孜然粉、辣椒粉、盐）。

Step 6

将烤肉放进微波炉内，选择“烧烤”挡，烤8分钟。

Step 7

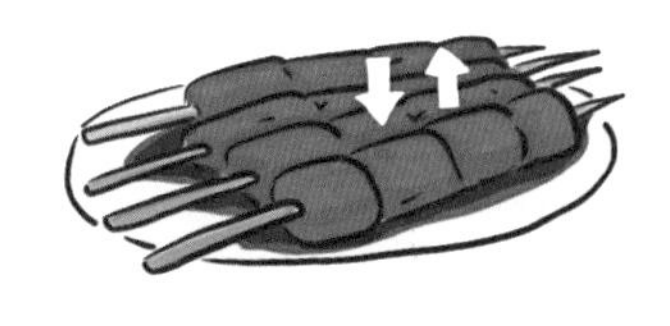

烤4分钟后取出，翻个面，再烤4分钟就OK啦！！

Tips

1. 该配料同样适用于腌制其他肉制品。
2. 如果制作海鲜，请勿使用本调料腌制，请尊重海鲜食材本身的味道。
3. 不要忘记在烤盘内添加适量酱油和水，这是为了防止肉烤干或烤煳。
4. 尽管微波和炭烤的味道有差别，但为了健康，我建议多使用微波炉。

近日偶得一至宝——古香古色青花瓷大碗。观其质地，釉色鲜亮异常，纹路亦清晰可辨，实为上品之相。惜乎花瓣颜色至深，底下隐约可见一“于”字，其他皆不可识。一日，求教于大方之家，戴其镜仔细辨识，乃见其字曰：适用于微波炉。

碗里加入淀粉和面粉，比例是5：1。如果不懂，就记得一点，淀粉多，面粉少就好了，再加入一个全蛋，搅匀。

光加蛋液是不够的，在搅拌的过程中你要不断地加入少量清水，搅到这个糊成黏稠状，拉起来不会轻易流下来那种程度……

把小肋排放到碗里，加入料酒、大块葱姜，腌至少10分钟，不放盐。

锅内倒入足够多的油，至少要没过排骨，用小火将油烧至五成热，备用。如果不会以手试温度，就记得一点好了：小火烧油3分钟就可以。

Step 5

只要3分钟，油温就到五成热，把排骨均匀地裹上脆炸糊，放入油里炸。

Step 6

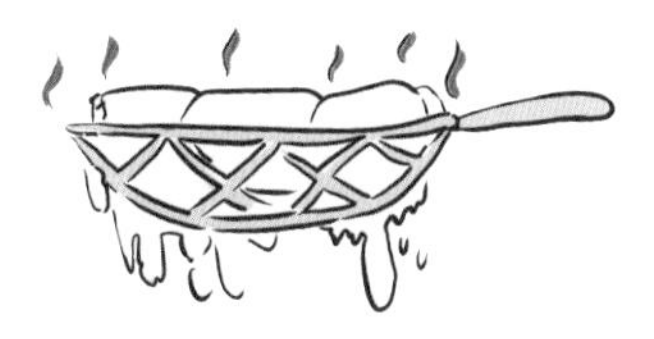

炸5～6分钟，排骨到金黄色就熟了，捞出来控干油，炸的过程火量是小火。

Step 7

锅里加一点油，把蒜头切成小粒放进去，炒香，用小火。

Step 8

如果喜欢老味道，倒入大约4大勺醋，如果喜欢西味，倒入适量的番茄酱，不管倒醋还是番茄酱，都要再加入等量的白糖，一同炒至黏稠状。

把控干油的小排骨倒回锅里，使之均匀地裹上糖醋汁，出锅前来一点胡椒粉提味。

此法同样适于制作糖醋里脊、锅包肉等。

茄子切成8厘米左右的段，用刀将皮与茄肉分离，切下的茄片皮要带一点茄肉。茄皮有用勿扔，可用于制作使用茄皮的菜式。

将茄肉切成厚约0.5厘米的片，动作尽量快，防止茄子氧化变黑。

准备大量淀粉均匀地裹住茄子两面，若想茄子不油腻，这步必不可省。

Step 4

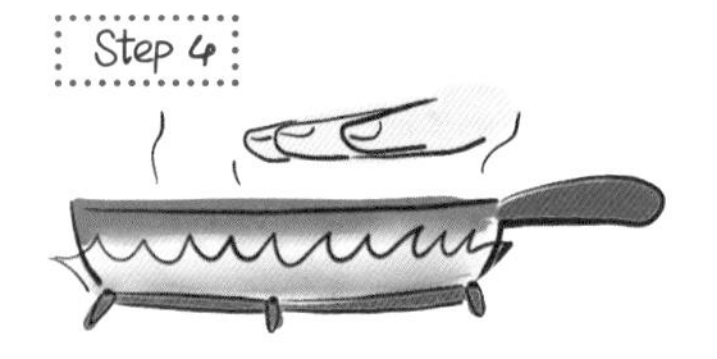

锅内倒入油，油量起码能保证茄片漂浮起来，中火烧至四至五成热。如果不懂，就记得中火烧大约2分钟。

Step 5

将两个蛋打成蛋液，将蘸过淀粉的茄片再裹上蛋液下锅炸熟，一面一面地炸，很好熟的，两面金黄即可。炸完均匀地摆在盘中。

Step 6

鸡肉切成丁，放入锅中煸炒，变白后加入少量酱油、糖以及大量蚝油和大蒜（片、粒均可），炒匀，最后加入小半碗水。

Step 7

大火收汁，记住要用铲子不停搅拌，防止煳锅，汤汁浓稠即可。

Step 8

将调好的鸡肉汤汁均匀地浇在茄片上。

Tips

1.茄子喜蒜，无论何种做法，均可放大量蒜。
2.不吃鸡肉者可自行更换。
3.茄子勿提前用盐腌制。
4.炸制茄子要控制油温，不超过五成热。
5.绿把茄子适宜炸制。

锅烧开水，放进鸡腿块汆水，同时放少许料酒。肉一变色即盛出。

将鸡腿马上放入凉水冲洗，这样经过凉水刺激，鸡肉会很嫩！！

Step 3

这一步至关重要：锅内倒入香油，量是1碗，放入两片姜，炸出香味，然后将油倒出备用，姜也放在一旁。

Step 4

砂锅用小火慢慢预热先，切记勿大火猛烧，会裂的。倒一点底油，将鸡腿倒入，炒出香味，火力渐渐提至中火。

Step 5

不要嫌麻烦，将鸡腿取出，利用锅中底油，先将洋葱圈铺底，再重新放上鸡腿。

Step 6

将香菇放在鸡腿上，蒜头放在香菇上。

Step 7

倒入等量的料酒和酱油。

Step 8

接下来把刚才炸好的姜油倒进来，姜也一同加入。

Step 9

盖上盖子，中火炖30 ~ 35分钟，汤汁一浓稠就可以啦！

Tips

1.整个过程，使用中小火。砂锅切记勿用大火！！

2.新砂锅使用前可用淘米水冲洗，再熬一次粥，就不会渗水了。

鸡心最好买剖开的，先放入清水中浸泡30分钟，去除血水、杂质等。

葱姜蒜切小段。红辣椒切块。香菜洗净，切成5厘米左右的段。

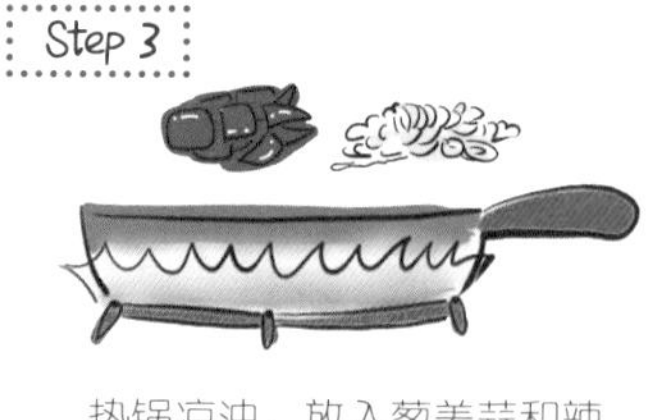

热锅凉油，放入葱姜蒜和辣椒，小火炒香。

泡好的鸡心挤干水分，放入锅中大火爆炒。

Step 5

鸡心炒到变色时加入2勺料酒，炒匀。

Step 6

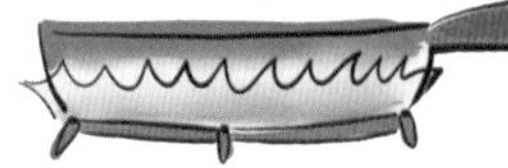

倒入2勺酱油、1勺糖、1勺胡椒，炒匀，如果不喜欢酱油，可以加2勺盐代替。

Step 7

大火炒3～4分钟，撒入孜然粒，注意别用孜然粉，效果不佳。

Step 8

撒入香菜段，大火翻炒均匀即可。

旧时岭南一带苗族人民以鸡心为待客上品，席间主人会把鸡心献给客人，以示敬重，但客人应与尊长同吃，以示回敬。

告一段落，
休息一下

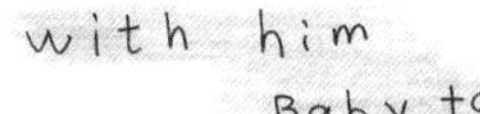

Baby face

So you never meant to hurt nobody.
Well. I think you're full of it. yes.
Cause if you really really didn't wanna
hurt nobody.
You wouldn't have slept with my best
friend. baby.
An bring insult to my injury.
You w bit discreet.
And while the whole world stood witness.
To my embarassment.
put a knife inside of me.
ld you fall in ve with him?
d you give you heart to him?
'd grow old as loves.
l the end.
you fall?
in love. with him?
e had our ups and downs.
do admit. yes.
it permanent.
can't be that understanding. no.
heart's just not hat big. no it ain't.
take the pain of infidelity.
I can't take you with him.

Babyface，美国著名现代音乐家、世界顶级音乐制作人，10次获格莱美奖。

《With him》是其于2001年发行的专辑《Face to face》中的一首弹唱曲目，本人大爱。

PART 2

单身必读

一个人的饭最难做，多了吃不了，少了不值当。于是干脆扔了锅铲，到处游击，每天不到饭点就开始计划约谁一起吃。渐渐地，发现能约出来的人越来越少；渐渐地，发现吃饭的地方总是那么几个；渐渐地，发现没有柴米油盐的地方，真的不能算是家。于是对自己形单影只突然生出了一种自怨自怜感，一些坏情绪也纷至沓来。嘿，别不开心，其实你只是对生活缺少一份投入，一份热情，抑或源于你不会做饭。其实，一个人的餐点也可以精致，也可以色香味俱全。

特别提醒，一个会做饭的你，也许就离“脱光”那天不远了。

与国籍无关

原名吴百福的日籍华裔安藤百福（1910～2007年）在1958年发明了方便面。迄今为止，方便面在全世界范围内的年销量稳定在1000亿包左右，“乖乖隆的东”，厉害！

我想这项发明顺应了社会的发展潮流——快速、方便，还有就是其具有易保存、卫生、有一定的“口味”及廉价的特点。一样食品如果兼顾这些，那它走红自然也是必然的了。

据说中国在汉代就有人这么做了，此人还是一位大将军。将军的这项发明解决了军士的伙食问题，但他却没意识到应该为此注册一项专利，瞧，就被安藤君抢先了。

此君原籍也是中国，为什么却在日本国做出了这件大发明？

与国籍无关。

你需要准备：

方便面

Step 1

锅中加水，水量依据个人喜好控制。

Step 2

水开之后放入面饼，一定要水开之后……

Step 3

面被水泡开后打入鸡蛋。喜欢荷包蛋就在鸡蛋成形前不要动，喜欢蛋花就用筷子搅一搅。有条件的话，加个虾！

依照这个顺序，做出的面是人可以吃的……

Step 4

再开锅后，加入面中的三种味包，记住啊，味包最后加。

Step 5

方便面是日本人为适应快节奏生活发明的……

方便面于20世纪80年代传入中国，那时流行“三鲜伊面”，都是干吃的。

炒方便面

如果你已经吃腻了煮方便面，那推荐你试试这个方法，不难……

你需要准备：

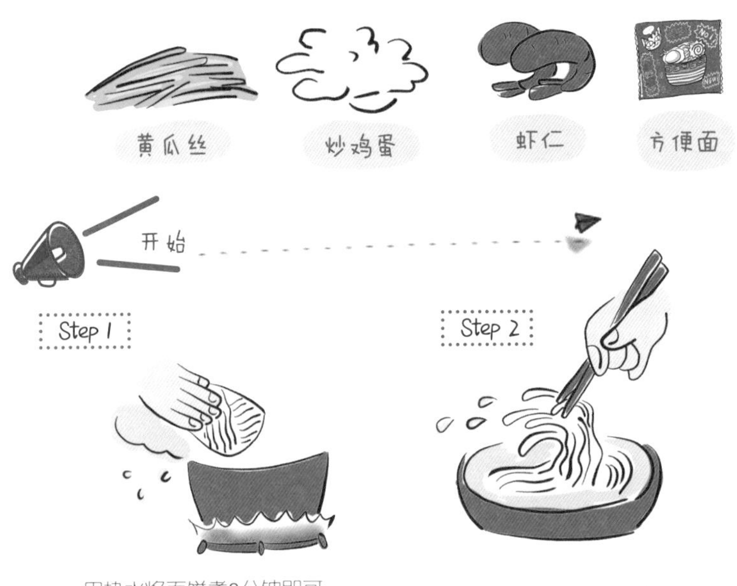

用热水将面饼煮2分钟即可，不要煮太久，会煮烂的。

迅速放入凉水中冲凉。

Step 3

烧热锅子，加入底油。

Step 4

放入黄瓜丝、炒蛋、虾仁炒熟，同时依据个人口味加入料包。

Step 5

关火，将过凉的面条倒入拌匀就可以啦!

Tips

在炒制过程中为防止粘锅，可以加入少许煮面的水。

将隔夜饭打散，用酱油拌匀。1碗饭调味大概要2勺酱油的样子。

黄瓜、火腿切粒，小葱切小碎花。

Step 3

鸡蛋打散，锅里加少量底油炒散后盛出来先。

Step 4

锅内留一点油，加入火腿粒和黄瓜粒，同时放一点糖。

Step 5

倒入腌制好的隔夜饭，用小火炒匀。

Step 6

倒入炒过的鸡蛋，同时加一点点胡椒粉。

Step 7

撒上香葱碎即可。

锅气

一盘好的干炒牛河应该是口味咸鲜适中，河粉不干不腻，牛肉筋道却极嫩，豆芽菜清清爽爽。

要做到这些需要掌握好河粉的泡发时间、牛肉的腌料和拍散牛筋的手法、豆芽菜的新鲜程度、炒制时油量的多少及手法，最重要的，是要炒出“锅气”。

什么是“锅气”？

问过几个专业厨师，也没个所以然。

直到遇到一位美食达人，此君解释为，所谓锅气，就是食材和锅体高温爆炒粘黏的瞬间，食材附着在锅体上引发的焦香。

不能为了翻炒而去翻炒？对。

那就是经验喽！所谓熟能生巧，生变熟，熟生巧，巧有气。

开始

河粉放入50℃的温水中浸泡5分钟，变软后将水倒掉。

依据个人喜好将牛肉切成块或片或条，放入少许盐、糖、料酒腌10分钟。

Step 3

锅内倒入油，用中火将牛肉煎至七成熟，取出备用。

Step 4

倒入平日炒菜两倍的油，放入掐菜、洋葱、河粉，大火迅速翻炒，会掂勺最好，千万别用铲子，河粉会碎，可以用筷子轻轻搅动。

Step 5

倒入适量酱油和糖，迅速拌匀，这个环节如果不喜欢酱油，可放盐代替，但其味道、色彩均不及酱油。

Step 6

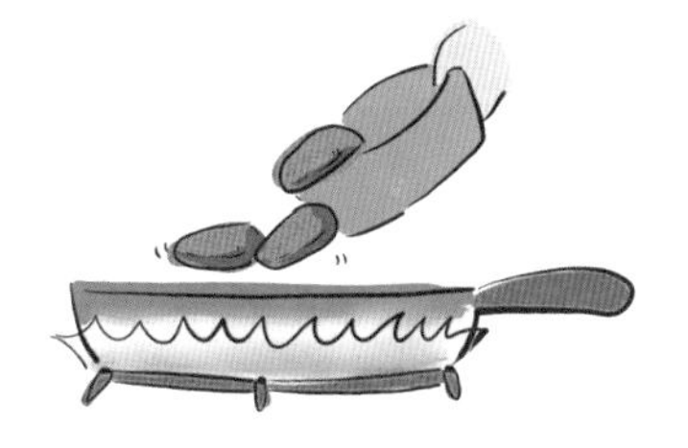

将之前煎好的牛肉倒回锅内，这时该适当减小一点火量，改为中火吧……

Step 7

把小葱切成段或葱花，放入，同时撒入适量胡椒粉。

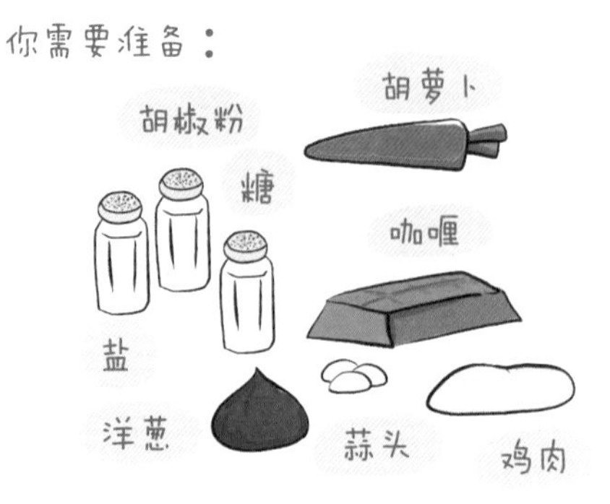

掩盖

盖饭，也叫盖浇饭，就是把菜做好了之后浇在白米饭上。盖饭相对于快餐而言营养会均衡一些，口味则因掌勺的师傅而异。

卤肉饭，则是将卤制过的肉、鸡蛋等配以新鲜蔬菜后均匀地放在蒸得不软不硬的白米上的一种美食。若卤汁制作地道，就再浇上一勺。噢，十分满足！

问题出在白米上。

当香气袭人的咖喱和味道浓郁的卤肉盖在白饭上时，有几个人会注意那米是陈是新是脏是净？应该都已被盖在表面的味道吸引过去了吧，所以谁还会在乎下面的材质呢？

有人会在乎……

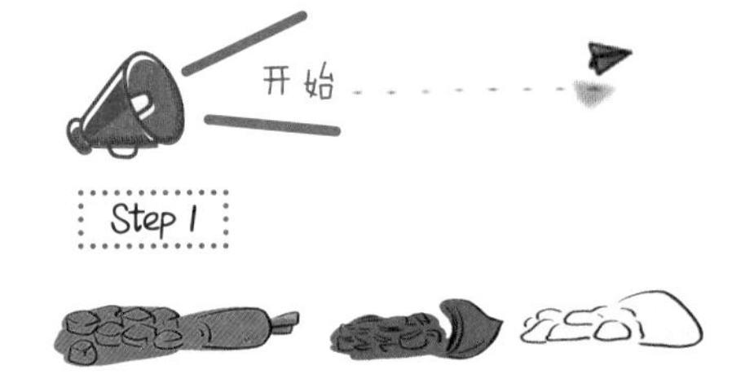

把胡萝卜、洋葱、鸡肉都切成丁。

Step 2

烧开水，依次放入胡萝卜、洋葱、鸡肉汆水2分钟。

Step 3

热锅凉油，加入蒜头爆香后加入鸡肉，同时滴入几滴料酒。

Step 4

放入胡萝卜和洋葱翻炒。

Step 5

加入适量咖喱及盐、糖、胡椒粉调味，倒入刚好没过食材的水，把它们煮熟。大概15分钟。

接下来，有两种方法可以做完这餐饭！选择适合你的吧！

初级方法：

将做好的菜品直接倒在煮好的米饭上，即可以开心地享用啦！

高级方法：

咖喱焖饭，
新手慎用！

这属于咖喱饭的高级吃法！在原锅中加水后将提前泡好的生米直接倒入锅内，中火焖35分钟左右即可！只是要小心粘锅哦！泡米方法可参见卤肉饭！

做好焖饭的窍门

如果你要做焖饭，又不确定是否可以掌握好火候，那可以用剩下的米饭来做，只要煮熟煮热就可以啦！

关于咖喱

咖喱是除了茶之外的另一种可称之为泛亚的食材。被广泛用于印度菜、泰国菜及日本菜中。传说为佛祖释迦牟尼所创。咖喱的原意为“多种香味混合在一起的调味料”。食用咖喱可在一定程度上祛风寒。

卤肉饭

一碗好卤肉饭的标准为：饭要香韧，肉要多汁且肥而不腻。

Step 1

锅里油热后先放葱姜蒜爆香，再放洋葱粒煸香，要小火炒。

Step 2

把切好的五花肉丁（大小自己决定）放入锅中炒，炒至出油脂、快要焦了的感觉，这一步用中火炒。

Step 3

调味的这一步至关重要：先放料酒，去除肉的臊味，其实放二锅头味道更香。接着放老抽，老抽味道轻，但颜色极重，少放一点！！！若放酱油也可，但最好别放盐了，而若放老抽，是要放少许盐提味的。接下来，喜欢甜口的可多放糖，真正的卤肉饭是很甜的……最后放点胡椒粉和五香粉。

Step 4

调完味后，倒入适量清水，一般说用吃饭的碗，加3碗水即可。这是为了保证肉炖入味、烂。接着加入香菇，量由你定。

Step 5

出锅前10分钟加入鸡蛋一同卤制，如果放早了鸡蛋或许就煮破了，鸡蛋是提前煮熟啊……

Step 6

把肉放在米饭上，鸡蛋切半，香菇也同时放上，浇上卤汁，大功告成！！

做好米饭的秘籍

注：这样可使米充分吸收水分，煮出来粒粒饱满。

注：超过3次，米里的营养会大量流失，吃起来就不香了……

①洗米不超过3次

②凉水泡米1小时

注：即便是陈米，在加入少许盐或花生油后，也可做出新米的味道。只是花生油是加热晾凉后的，不如放盐方便啦！！

③加盐或花生油

④米水比例为1：2

注：将食指插入水中，水没过手指第一关节即为最佳比例。

世事无绝对

木须肉，其实该写作“木樨肉”。木樨的意思是桂花，抑或指炒散后鸡蛋形似桂花。这是一道地道的北方菜，尤以北京、东北及山东地区做得出色。

可是北方怎会有如此小清新的菜品？你们的吃食应该口味浓重，处处透着北方人的粗犷豪迈吧。

相较之下，南方菜则以清丽见长，力求保持食材的原色、原味，追求清甜的口感。即便如此，南派菜里也有卤鹅、烤乳猪和酱排骨，无论是菜色还是口味也都是重的，吃多了大概也会腻。

可见，不管“重口味”抑或“小清新”，只是某一派的特色，不能以偏概全。难不成北方人的饺子馅里要塞满红烧肉，而南方人的年夜饭只有高汤煮菜叶？

世事无绝对。

打两个鸡蛋到碗里，搅成蛋液，不要加盐。

Step 2

黄瓜、胡萝卜洗净切成菱形块，如果不会……那就切片吧。黑木耳用水泡发好，撕成小朵状。猪肉切片。

Step 3

锅内倒少许油，小火，倒入蛋液，半分钟后再用铲子翻动，炒至蓬松状。

Step 4

先把鸡蛋倒出来备用，注意炒蛋时别把它弄得太碎了。

Step 5

热锅凉油，放入猪肉片煸炒至变白。

Step 6

快速倒1勺半蚝油、1勺糖、2勺水，调成一个汁。

Step 7

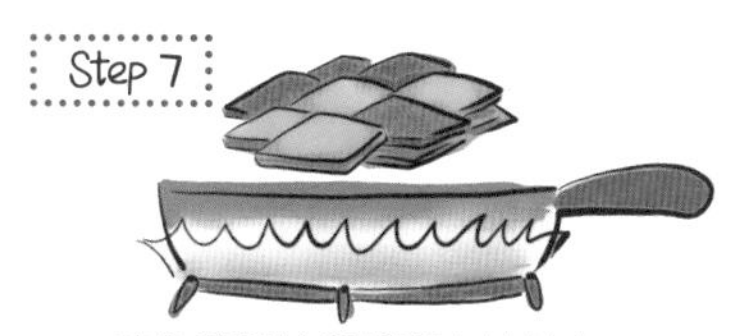

放入黄瓜片和胡萝卜片炒匀。

Step 8

放入黑木耳，翻炒均匀，鸡蛋重新放入。

Step 9

倒入刚才调好的汤汁，收汁，即成！

Tips

1.猪肉可换成鸡肉。
2.若肉片提前以蛋清、湿淀粉腌制效果更佳。
3.木耳必不可少，笋片可自由添加。

酸甜豆腐

替代，改变

鱼露是我国南方沿海地区人民发明的一种调味料，由小鱼虾发酵而成，味道咸而鲜美，类似于酱油，所以也叫“鱼酱油”。

国人少食鱼露。原因应该是鱼露取自鱼虾，味道虽鲜美但却必有一股腥味。农耕民族食得惯素味，食得惯肉味，却未必食得惯腥味。

然教制此菜的行者要求须以鱼露入菜，且说得清楚，这是家乡的味道！

好在国人还有另一项发明“蚝油”。虽也属海鲜类调味料，却广受欢迎，普及使用程度远超鱼露。

在最重要的调味料被更换后，味道也随之改变了。我想行者若见到，必会大发雷霆。

替代，改变。

你需要准备：

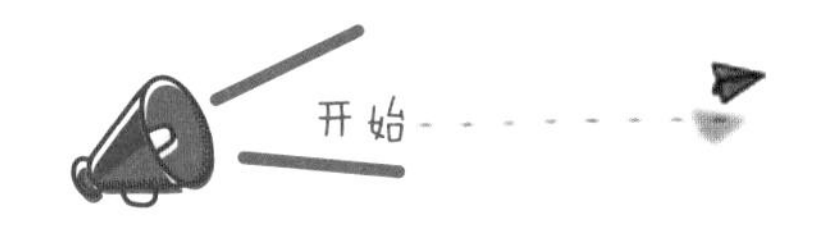

把豆腐切成3厘米×3厘米的方块，注意表面别有水分。

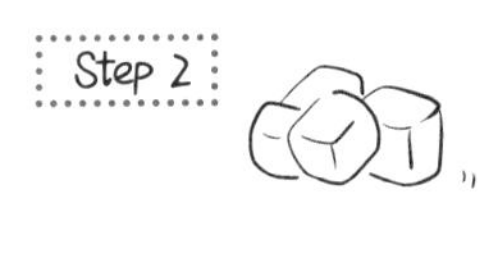

锅里烧热油，大概在七八成热时放入豆腐炸至金黄捞出，大概要1分30秒吧。

Step 3

把猪肉、西红柿、洋葱、蟹味菇都切成小丁状。注意洋葱会辣眼哦……

Step 4

锅烧热倒一点油，放入肉粒炒到变色。

Step 5

放入洋葱丁和蟹味菇丁一同翻炒盛出，大约炒3分钟。

Step 6

放入西红柿丁，注意开始时不要和另两样食材混合。

Step 7

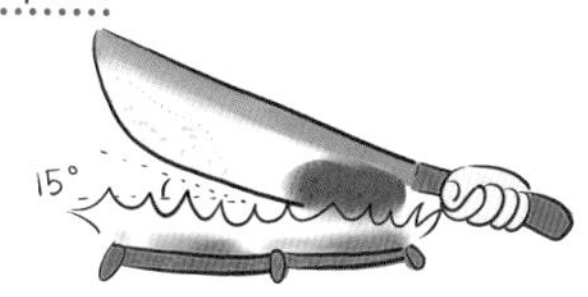

接下来咱们玩个技术活。把锅倾斜15度，目的是使西红柿单独受热。见到流出红色汁水后就可以放平锅并与其他食材混合了。

Step 8

依次加入蚝油、胡椒粉、盐、糖各适量后，加小半碗水，煮5分钟即可。

Step 9

把这锅料浇在炸好的豆腐上，即成！

Tips

1. 这道菜是骏在节目中做的，照搬不行，就做了一定的改良，味道中西皆备，不错！
2. 炒制的西红柿勿选生食品种，味道会差不少呢。

告一段落，
休息一下

Home

Michael Buble

another sunny place.

I'm lucky I know.

But I wanna go home.

Let me go home.

Michael Buble，1975年9月9日生于加拿大，是一位著名的流行爵士乐歌手，也是一位影视演员。

《Home》是一首表达对爱人和故乡思念的歌曲，很难想象一个38岁的男人居然会拥有如此深沉、动人的声线，听听看吧。

PART 3

妈妈拿手菜

不知道你有没有看过一部电影，叫《料理鼠王》。一只志在烹饪的老鼠，最终用一道菜征服了毒舌食评家，挽救了厨王的饭店。还记得那个长相尖刻的食评家，从一脸挑剔吃到泪流满面，指着鼻涕说，这道菜让我想起了我的妈妈。这个画面是否也让荧幕前的你笑中有泪？每个人心目中一定有那么几道菜，它们有个共同的名字——妈妈拿手菜。而天下的妈妈拿手菜，在各有千秋的同时，必定有相同的特点：色香味美、营养丰富，虽工序稍显繁琐，吃起来却是暖胃更暖心。这温暖的味道，如果也能在你的手中诞生；这淳朴的感动，如果也能用你的双手创造；如果我告诉你，这一点也不难，你愿意试试吗？

Step 1

鸡爪洗净，放入锅中煮10分钟左右，加入适量料酒去腥。

Step 2

煮熟的鸡爪迅速放到凉水里冲洗。

Step 3

用剪刀把鸡爪的趾甲都剪掉。

Step 4

取出鸡爪的长骨，方法是掰下鸡踝骨，然后用手将皮与骨分离，最后将与前面四爪相连处掰断即可。

Step 5

将脱骨鸡爪放入碗内，加入蚝油、糖、盐、酱油，拌匀后放入冰箱保鲜15分钟。

Step 6

15分钟后，取出鸡爪，将葱姜蒜切成末与红辣椒、麻椒一并撒在鸡爪上。

Step 7

倒入平日炒菜两倍的油，大火烧至冒青烟。

Step 8

将油泼在鸡爪上即可。

麻椒多为青绿色.

花椒多为红褐色.

板栗蹄花

你需要准备：

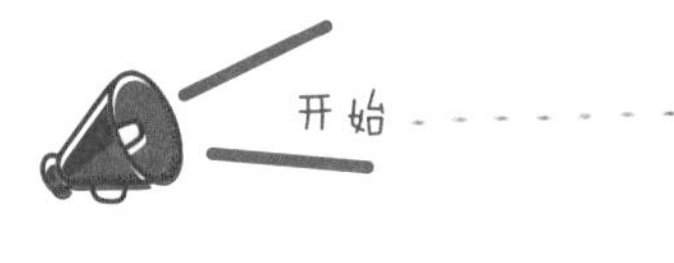

最近皮肤不好，今天我们来做个美容菜……

Step 1

锅烧开水，放入猪蹄、葱、姜、酱油、料酒。

Step 2

用高压锅大火煮猪蹄20分钟，煮到它软烂即可。

Step 3

用刀把猪蹄的骨肉分离，我们今天只要肉和皮……

Step 4

锅里倒入油，放入姜片和葱段，炒出香味，喜欢红烧的味道，可以放1个八角一起炒一下，挺香的。

Step 5

放入猪蹄，中火炒出香味，猪蹄表面金黄即可。放入酱油和白糖入味。

Step 6

倒入清水，水量能没过猪蹄就好了，不要加多。

Step 7

放入剥好的板栗，大火将锅烧开。

Step 8

开锅后转成中火，烧10分钟，将水全部烧开，汤汁收浓，最后可用铲子不停搅动，并将火力转为大火，但注意别煳了。

Tips

猪蹄富含胶原蛋白，对皮肤大有好处。听说吃它长胖？不对！适量，适量知道吗？

干煸土豆片

你需要准备：

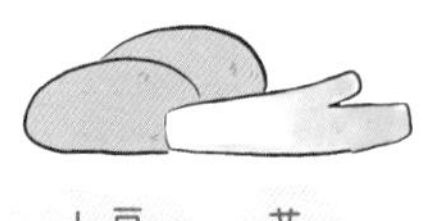

土豆　葱

盐　糖　黑胡椒

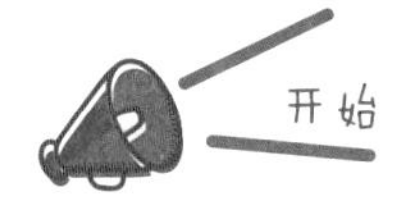

开始

Step 1

土豆洗净去皮，切成0.5厘米厚的薄片，长3～4厘米即可。葱花切好备用。

倒入比平时炒菜多一点的油。

小火下入葱花，煸香。

Step 4

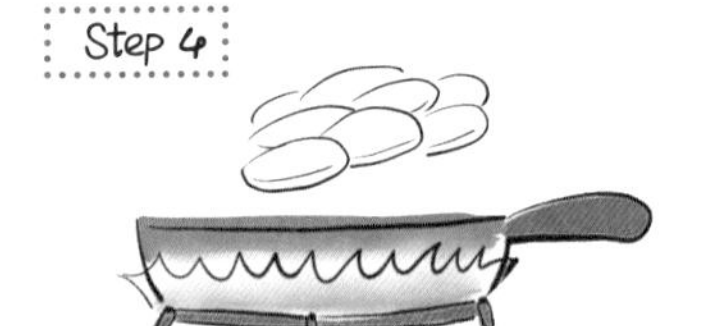

下入土豆片，火量调至中火，不停翻炒。

Step 5

这个过程要保证铲子始终在锅里翻动，否则会煳锅的，保持中火。

Step 6

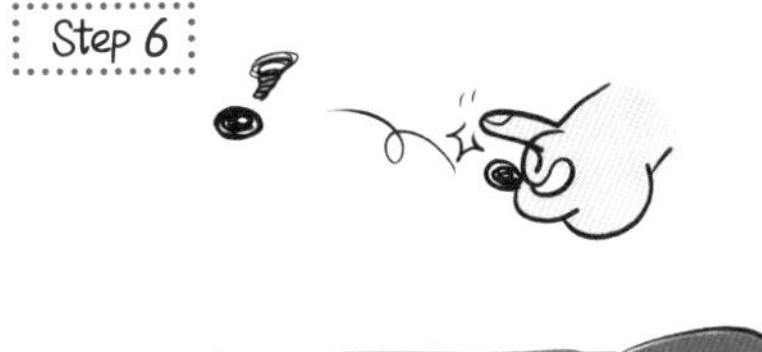

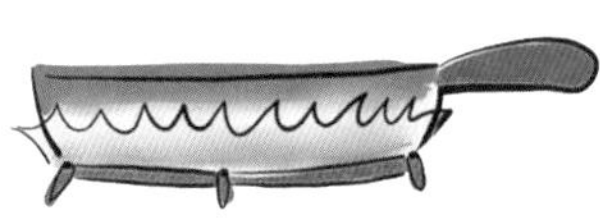

持续炒7～8分钟，这个过程难免会有葱花煳掉，要及时挑出来扔掉！

Step 7

加入2勺盐、1勺糖，翻炒均匀。

Step 8

关火，撒入黑胡椒碎，拌匀即可！

Tips

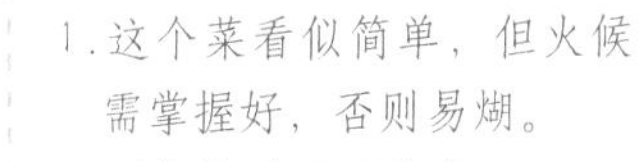

1. 这个菜看似简单，但火候需掌握好，否则易煳。
2. 黑胡椒碎无可替代！！
3. 若不清楚土豆是否成熟，用铲子将一片铲断，若轻易完成，即熟。

海米丝瓜

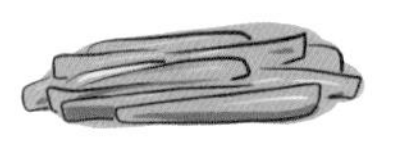

Step 1

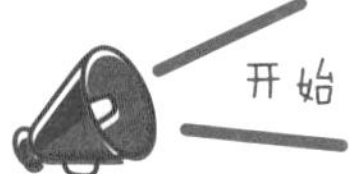

丝瓜洗净去皮，切成5厘米长、1厘米宽的小条，葱切成葱花备用。

Step 2

取适量海米，放入碗中，加水浸泡10分钟左右。

Step 3

热锅凉油，放入切好的葱花煸香，小火。

Step 4

放入丝瓜条，大火快速煸炒至其变软，大概2分钟吧。

Step 5

放入1勺蚝油、1勺盐、1勺糖迅速翻炒均匀。

Step 6

将先前泡海米的水倒一点到锅里，水量不要没过丝瓜，刚刚盖过锅底即可。

Step 7

大火烧开锅子，见汤汁浓稠就可以把海米撒在丝瓜上了。

Step 8

出锅前倒入1勺醋，拌匀即可。

Tips

1. 炒丝瓜的时候放少许白醋，并且炒制时不盖锅盖，炒出的丝瓜不易变黑。
2. 泡海米的水不要倒掉，澄清后用来煮丝瓜，味道非常鲜美。

红烧豆腐

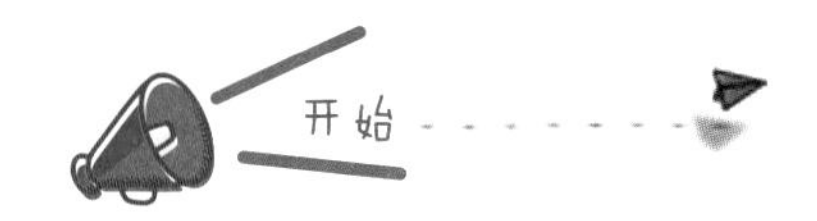

Step 1

把豆腐切成3厘米×3厘米的小块。记住只要是红烧，长时间炒制或油炸均要使用北豆腐，因为它不会碎掉。

Step 2

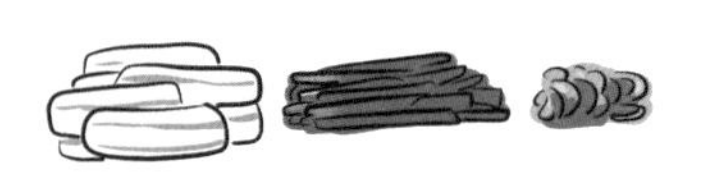

五花肉切片，韭菜切成5厘米的段，葱切成葱花。

Step 3

锅烧热，加入油，将五花肉和葱花一同放入煸炒，直到炒出五花肉的油分为止。

Step 4

倒入 1 勺蚝油、 1 勺酱油、1 勺糖，炒匀。

Step 5

倒入半碗水，火力保持中大火。

Step 6

轻轻放入豆腐，注意刚下锅时别着急翻动，等豆腐稍微硬实点再动不迟。

Step 7

盖上盖子，大火烧5～8分钟，若您是重口味，可加一粒八角同煮。

Step 8

出锅前1分钟放入韭菜，不要再盖盖子，轻轻翻动底部，等汤汁浓稠即成。

投桃报李

黄州好猪肉，价贱如粪土，富者不肯吃，贫者不解煮。慢著火，少著水，火候足时它自美。每日早来打一碗，饱得自家君莫管。——苏东坡《食猪肉》

相传苏东坡当年因得罪上级而被下放到一穷乡僻壤，然此人无心反思，却带领当地百姓兴修水利，大搞土木建设，几年下来就使此处摘下了贫困落后的帽子，百姓得以安居乐业。

人民群众为表感激之情，纷纷杀猪宰羊送到府上，苏东坡推辞不过，遂令家人按自己平日煮肉的方法将得来的肉做熟再返还百姓。而他使用的方法，正是“红烧”。

古人给父母官送去生猪肉，他还你美味红烧肉，嗯……不知当今社会如何？

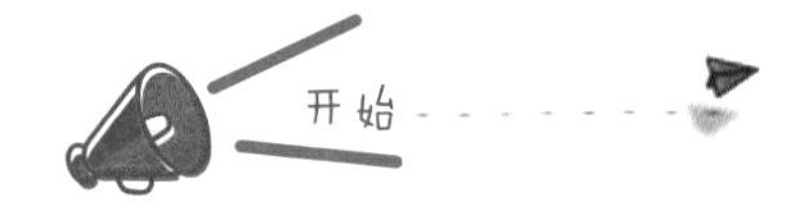

Step 1

把五花肉切成3厘米×2厘米的块状，这一步也可以请“猪肉大叔”代劳，看你魅力啦！

Step 2

锅里倒水，烧开后加入2勺料酒和五花肉，肉变白后捞出，马上放到凉水里冲洗。

Step 3

锅烧热，倒入2勺油，加入五花肉煸炒，炒出肉香和油脂。

Step 4

加入4勺酱油、1勺料酒、2勺糖，炒匀，让肉上色，喜欢重口味的可以加1勺老抽，记得将酱油减为3勺。

Step 5

倒入足够没过肉的水，一定要一次性加足水，中途再加水是失败的，会影响口感，至于是凉水或热水，无所谓。

Step 6

放入 2 个葱段、 2 片姜和 1 个八角，用大火把水烧开后转成中大火。

Step 7

放入香菇和辣椒，不喜欢吃可以不加。

Step 8

盖上盖子，中小火炖煮至少40分钟以上，待汤汁收干即成！

鸡蛋酸肉

这是小时候奶奶常给我做的菜，有家的味道……让我怀念。

你需要准备：

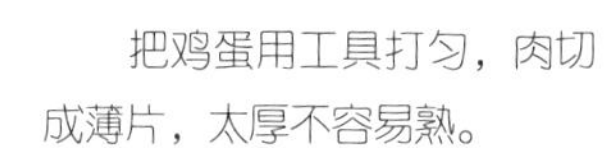

把鸡蛋用工具打匀，肉切成薄片，太厚不容易熟。

把搅拌好的蛋液倒入锅中，小火将鸡蛋炒熟。

Tips

炒鸡蛋可以是不放油的，但要小火慢炒，不过若没那技术，还是放点油吧。

Step 3

鸡蛋盛出备用，锅里倒一点油，放入肉片大火爆炒。

按顺序加入盐、糖、醋、小半碗清水，加热炒熟。

Step 5

把炒好的鸡蛋倒到肉上，用汤汁将鸡蛋浸透，就OK啦！！

Tips

这道小菜操作极为简单，但是味道……啊，快试试吧！！

酱爆花菜

你需要准备：

花菜

五花肉

黄豆酱

糖

盐

酱油

蚝油

开始

Step 1

花菜洗净后掰成适合烹调的块状，五花肉切成0.5厘米厚的肉片。

Step 2

热锅，凉油，倒入约2勺油，不要多，因为五花肉会出油的。

Step 3

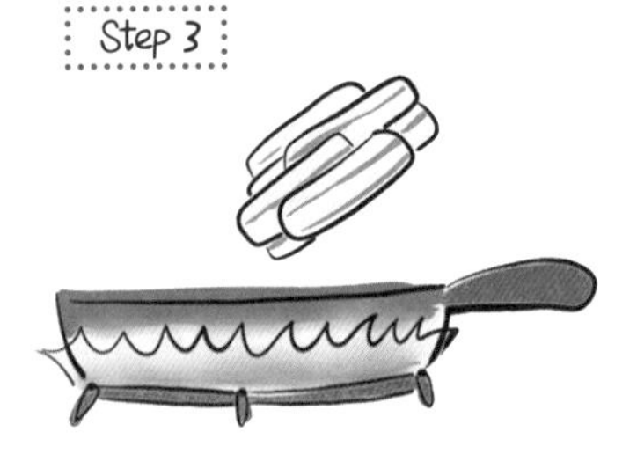

放入五花肉片，大火快速煸炒。

Step 4

放入2勺黄豆酱，炒匀，同时将火力调为小火，大火易煳。

Step 5

放入花菜，快速翻炒。

Step 6

倒入1勺蚝油、半勺酱油，炒匀。

Step 7

加入1勺糖、半勺盐，炒匀。

Step 8

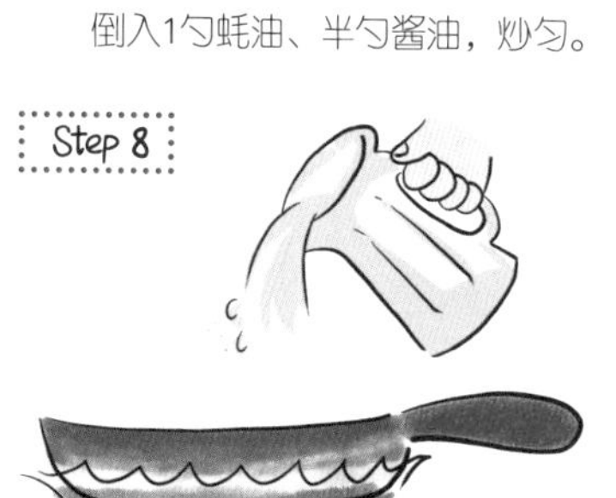

倒入小半碗水，水量刚刚没过锅底即可，然后大火烧至汤汁浓稠，即成！

Tips

1. 花菜性凉味甘，可补肾填精，补脾和胃。
2. 同属花菜科的西蓝花具有不错的抗癌防癌能力，尤其防胃癌、乳腺癌。

把鸡斩成块，锅子烧开水，放进鸡块汆水，同时加少许料酒去腥，水开后2分钟就可以啦！

老规矩，鸡肉迅速放入凉水里冲洗，保持嫩度，去除杂质。

Step 3

热锅凉油，先放葱段和姜片，再加入八角和花椒，小火炒香。

Step 4

鸡块放入锅内，转成大火，把鸡肉炒一下，炒到皮微微发焦最好了。

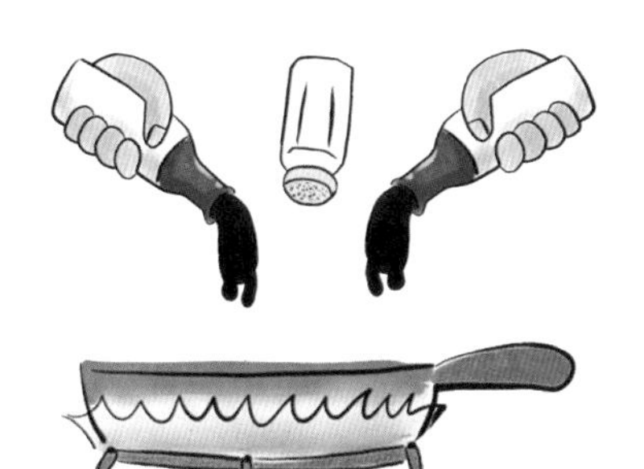

Step 5

放入1小勺料酒（家里喝汤的勺子）、3勺酱油，不喜欢酱油也可以放盐，但个人感觉口味不及酱油，最后加入1勺白糖，炒匀。

Step 6

倒入足够没过鸡块量的啤酒或清水，用啤酒的好处是可以使鸡肉更香，更嫩，可以试一试！

Step 7

土豆事先刮皮，切滚刀块（不会切就切大块好了），待大火烧开锅内汤汁，即转中火，同时放入土豆。

Step 8

中火烧大约30分钟，开盖放入切成块的红椒、青椒，再盖上盖子焖5分钟即可出锅。记得要收干汤汁！

这道菜稍加变化就可以变为“通杀”菜——新疆大盘鸡。方法为：在第7步中加土豆块的同时，加入洋葱块及西红柿块（或番茄酱）就可以啦！最后，非常以及至关重要的一步——用嘴，告诉别人：“我做的是新疆大盘鸡！！！”

凉拌秘籍

正经面子工程

中国人的正规宴席是必须有凉菜的，这类似于西餐里的开胃菜。只是，我们凉菜的选材、制作、刀工、造型、摆盘更为讲究，口味上要求干香、脆嫩、爽口，色彩形态上则要求整齐、鲜活和美观，而这两方面也构成了中式凉菜的主要特点。更有甚者，将凉菜称之为“整道宴席的门面”，可见凉菜之于宴席的重要性。

它是宴席中最早被看到的，所以必须受看；它是宴席中最早被吃到的，所以必须美味；但它只是宴席前的开胃菜，所以还必须精致。因此，凉菜的制作水准及厨师在其身上花费的心思，一点不比那些硬菜少！

为了面子么！

某些工程能拿出做凉菜的精神就让人放心了。

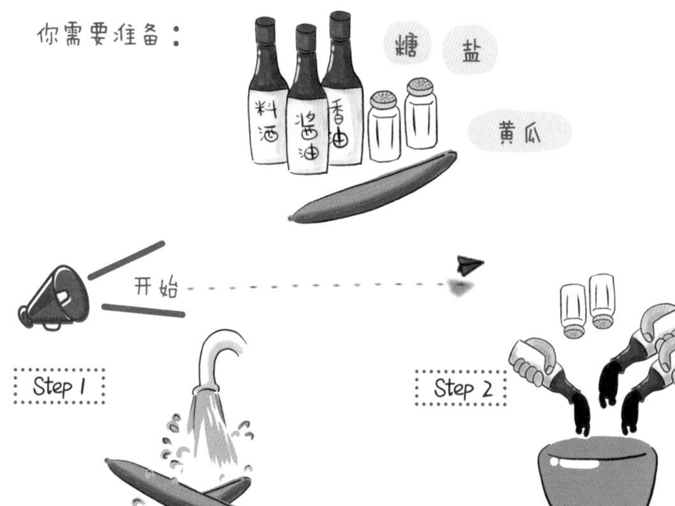

以黄瓜为例，洗净、拍碎，放入容器内。

倒入少量酱油、醋、糖、盐和两三滴香油拌匀，所有量都是少量。此法适合任何凉菜制作。

西红柿炒蛋

西红柿和鸡蛋绝对是
无上之搭配啦！！

你需要准备：

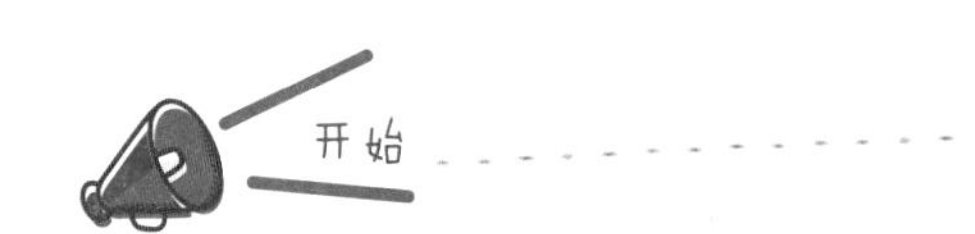

Step 1

锅里加油，把鸡蛋打进去。通常我不会提前把鸡蛋搅碎，因为那样炒出来后就都是黄色了，整个打进去，炒出来的蛋颜色有白有黄，漂亮！！

Step 2

把鸡蛋炒好后先盛出来备用。

这儿有个小窍门告诉你，那就是炒蛋时的油可多倒一些，大火把油烧热后下入蛋。切记蛋下锅后不可马上铲动它，等它稍微成形变色后再用铲子把它铲碎就行了。通常我会把它铲成大块，方便吃！

Step 3

用刚才炒鸡蛋的油炒一炒西红柿块，不要加水，因为西红柿本身就有水分，加入适量盐、白糖。

Step 4

把炒好的蛋倒回去就好啦！这个菜也可以做减肥菜来吃的！！

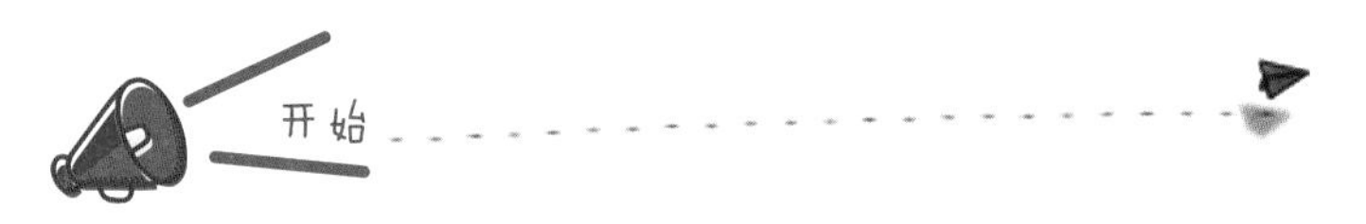

一般来说，超市有卖切好的鳕鱼块，我们回来洗洗就好了。鳕鱼块洗洗更健康！！

把洗好的鳕鱼用白胡椒、白糖，少量红酒腌15分钟。

Step 3

热锅凉油，用小火把鳕鱼煎熟就可以。

Step 4

如果不喜欢煎的，可以用烤箱。在烤盘上抹薄薄一层油，放上鳕鱼，中火烤6分钟。

Step 5

锅内少许油，热了后先放蒜粒炒出蒜香，放入白糖、醋，量可以依个人口味，用勺子炒至黏稠状即可。

Step 6

把这个汁倒在鳕鱼上就OK了！！

蟹黄豆花

你需要准备：

如果有鲜蟹黄更好，市场出售的干蟹黄多为仿制品，不建议购买（在不知情时）。蛋黄含胆固醇过高，二枚足矣……

Step 1 取出豆腐

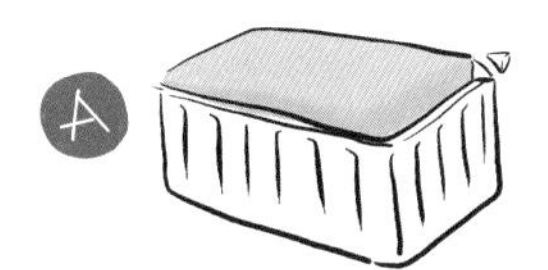

将豆腐盒反放，用刀或剪子将一个角割开，使盒内空气流出。

划开封口后依然倒放，用刀背轻拍数下即可将豆腐取出。

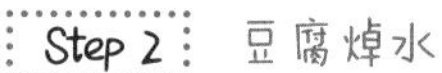

Step 2 豆腐焯水

将豆腐切成大小合适的块。因豆腐很软，一定要轻切轻放。

锅内加水烧开，小心将豆腐放入焯水后取出，时间为2分钟左右。

Step 3 取蛋黄

取出蛋黄，如果买的是生蛋黄，需要提前蒸熟。

将蛋黄压碎，可用刀背来压，不过不要压太碎，有颗粒会更富有口感！

Step 4 炒蛋黄

锅内倒一点点油，在凉油状态下，倒入蛋黄小火炒制，要炒出沫来才可以。

蛋黄炒出沫后倒入一小碗清水，将火力调到中火烧开。

Step 5 炖豆腐

将豆腐放入锅中，中火炖制3～4分钟。

出锅前加少许盐调味，再将蟹黄放入，最后撒上葱花即可。

1.蛋黄与蟹黄都是胆固醇含量很高的食材，胆固醇指标高的食客请慎食。
2.不放蟹黄同样味好。
3.炒蛋黄中放入清水后若加适量白菜，味道更佳！！

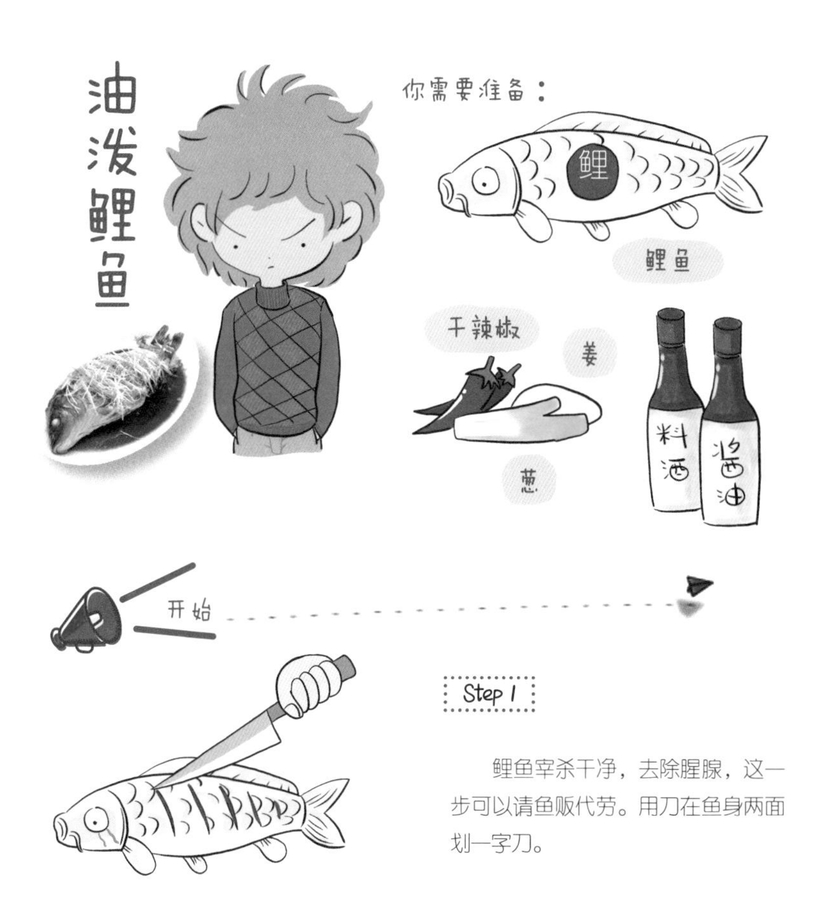

Step 1

鲤鱼宰杀干净，去除腥腺，这一步可以请鱼贩代劳。用刀在鱼身两面划一字刀。

Step 2

鲤鱼放在盘子上，放入锅中，大火烧开水，蒸8分钟后取出。

Step 3

倒2勺酱油、1勺料酒在鱼身上，抹匀。

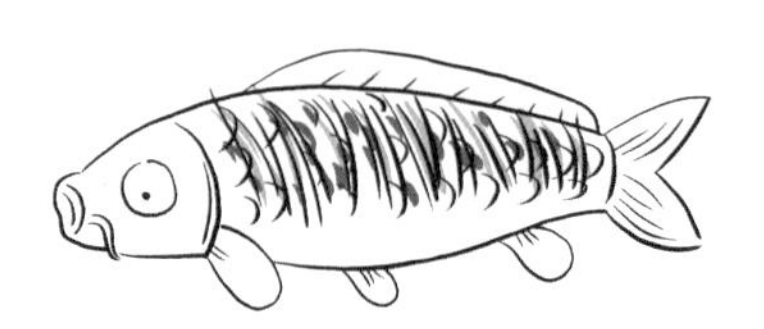

Step 4

葱、姜、干辣椒切丝，均匀地放在鱼身上。

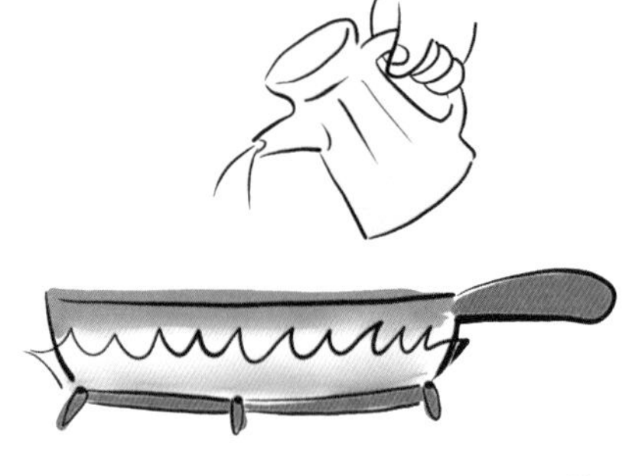

Step 5

锅烧热，倒入比平日炒菜多两倍的油，烧到滚烫。

Step 6

烧热的油泼在鱼身上即成！

1.这个看起来很复杂的菜，真就这么简单。

2.鲤鱼蛋白质含量高且质量佳，人体吸收率高达96%！

3.鲤鱼富含不饱和脂肪酸，长期食用可在一定程度上降低胆固醇，预防动脉硬化及冠心病。

4.观赏锦鲤以日本产为优，多为各色鲤鱼杂交而成。

5.吃完鱼若感觉口内腥味太重，可吃三五片茶叶，能有效去除腥味。

腰果虾仁

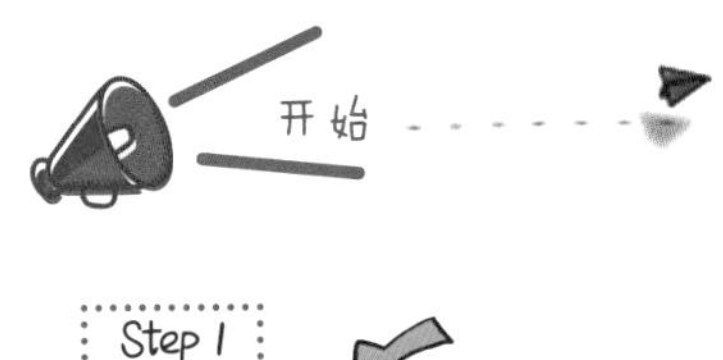

Step 1

将鸡蛋清（1个）放入碗中，顺着一个方向打至起白泡，加入适量淀粉、盐、糖、胡椒粉调味。

你需要准备：

Step 2

锅内放入平日做菜6～8倍的油，烧至五成热（这个火候一般油锅就开始冒小气泡了）。

Step 3

倒入腰果，滑油至其呈金黄色后捞出。

Step 4

油温再次升至五成热，将虾仁裹上调好的糊放入油中，滑至表面泛虾红色后捞出。

Step 5

锅内留少许油，热后放入切好的青红椒（块、片、丝可自定）轻轻翻炒，火力中火。

Step 6

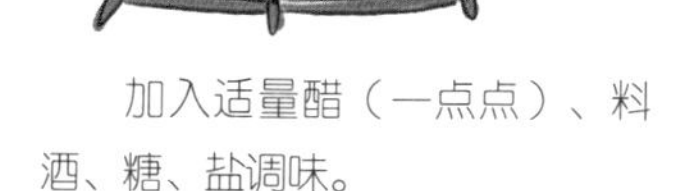

加入适量醋（一点点）、料酒、糖、盐调味。

Step 7

将滑过油的虾仁和腰果倒回锅内，轻轻翻炒即可。

Hello Saferide是一支瑞典乐队，主创是Annika Norlin（也就是我画的这个美丽女人）。

《Long lost penpal》讲述的是两个笔友之间的平凡故事，曲风慵懒从容，淡雅忧伤。

PART 4

全国人民爱川菜

在饮食界，川菜已经突破了地域的界限，成了一种饮食时尚。几乎所有餐馆的菜单上必定要有几道拿得出手的川菜：茄子要吃鱼香的，芸豆要吃干煸的，草鱼要吃沸腾的，火锅要吃麻辣的……在寒冷的冬季，约上三五好友酣畅淋漓地吃上一顿川味，满脸通红、涕泪俱下，从舌尖麻到心尖，热辣辣地带走最后一丝冷意。在热闹的夏天，开足冷气，吃上一顿油汪汪、红火火的麻辣火锅，灌下一口冰镇的可乐，任谁都会爱上这种冰火两重天的歇斯底里般的流汗方式。如果家里朴实的餐桌也能出现几道这样热闹的菜式，三天两头也能用这样一场视觉、听觉、味觉的麻辣盛宴犒劳一下自己，岂不是美事一桩？

水煮虾

你需要准备：

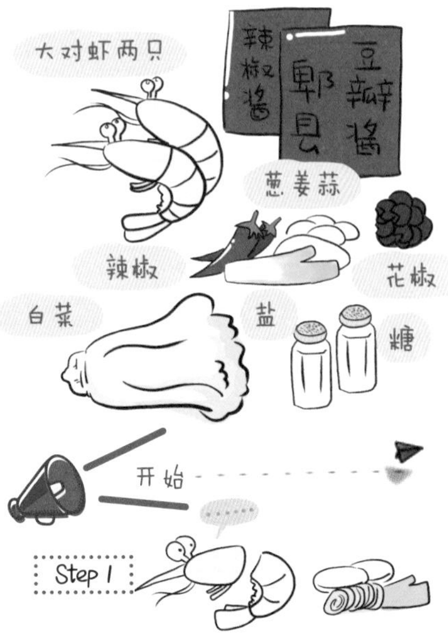

水煮的艺术

川人善水煮，并将水煮玩出了“奔放的艺术范儿”。如果说白水净煮有如白描工笔，那川味水煮则是装饰图画，色彩炽烈地刺激着你的视觉神经。

据说水煮的优点是可以最大程度地保留食材的营养不流失，但对许多人来说，弊端也显而易见，那就是水煮食物的味道总是过于平淡。

油炸是最能迅速激发食材香味的烹饪方式。于是川人在水煮之后加入调味料，再以适量滚油迅速浇上，遂即产生了新的水煮方式——“川味水煮”。在最大化保留食材营养的同时又激发了食材的复合味道。

犹如李可染先生的作品。

大对虾切成两段，小虾就不用切了。葱切小段，姜切片。

锅中加油，在油温不是很高时加入葱姜爆锅，接着加入豆瓣酱和辣椒酱，小火炒出红油。

Step 3

虾倒入锅中，不管大虾小虾都要用力将虾头中的虾脑压出。

Step 4

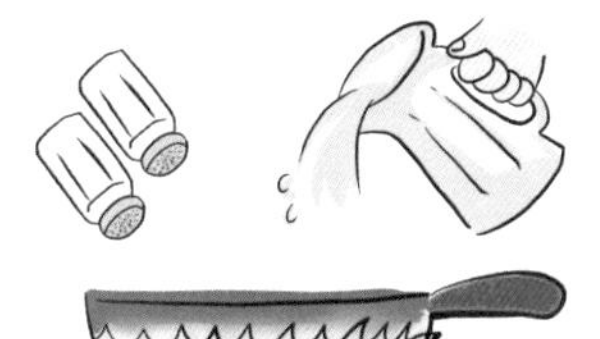

将虾炒至发红后倒入两大碗清水，之后加入适量盐和糖调味。

Step 5

锅内小火烧开后，将白菜放入，白菜要用手撕，不要刀切。

Step 6

盖上盖子，焖大约8分钟，要白菜软烂。

Step 7

将虾全部挑出来，其实这步在炒完虾加水之前也可以做。

将锅内的食材倒入大碗中。

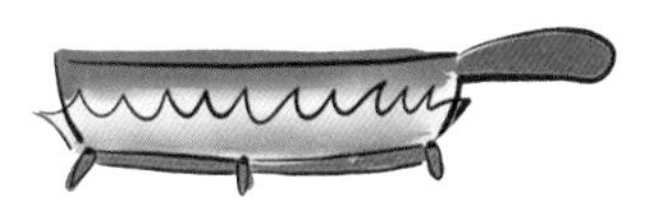

锅烧热，倒入3倍于平日炒菜的油量，大火烧至滚热。

Step 10

将虾放在白菜上，再放入适量花椒和辣椒，将热油泼在上面！

复杂

水煮鱼是用草鱼骨辅以川味调料熬成鱼汤，加入片成片的新鲜草鱼快速烫熟，再以恰当的青菜为底，最后加入辣椒、花椒等佐料，浇以滚热的熟油而成的绝味美食。看起来，很复杂。

可以在家做。

鱼可以请水产师傅帮忙收拾干净，我们需要的是买一包郫县豆瓣酱，回家加油炒出红油后倒入清水放入鱼骨熬成汤，煮熟青菜，烫熟鱼片后把它们都倒进碗里，撒上辣椒、花椒、蒜末，最后把烧热的油倒在上面就好。

呃……

其实没那么复杂。

复杂的是你不敢尝试的心。

你需要准备：

回家一定要洗鱼和豆芽，那个脏啊……鱼和豆芽是主菜。

Step 2

将少量淀粉、蛋清、葱姜蒜、料酒和鱼一起腌制20分钟。

Step 3

将油、辣椒、花椒放入锅内，不要等油热再放昂，会煳的……

Step 4

放入辣椒酱、豆瓣酱炒（小火炒），炒出红油后放入大量水。

Step 5

水开后，放黄豆芽焯水。

Step 6

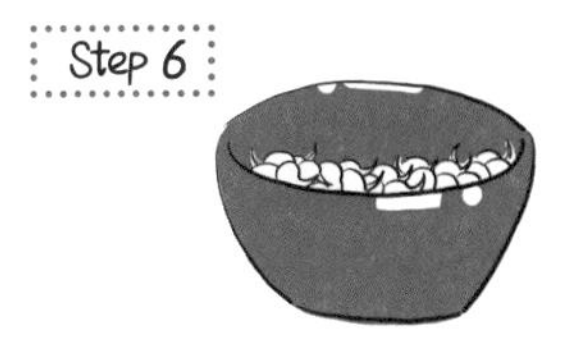

豆芽熟了盛出来放在碗底。

Step 7

先把鱼头、鱼骨放锅里煮沸……

Step 8

水开了放入腌好的鱼片，从鱼片下锅到出锅是2分钟，久了鱼肉会碎。

Step 9

接下来把锅里所有的东西倒在豆芽上面。

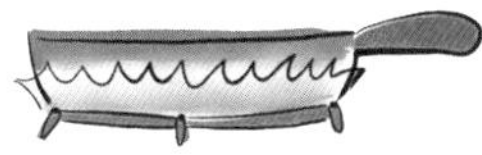

锅里再倒油，加入花椒、辣椒，烧热。

往鱼片上撒辣椒粉。

Step 12

把热油泼在辣椒上，哇！！！

混搭

混搭是一种时尚，是将看起来完全风马牛不相及的东西大胆搭配在一起的方法。优点是可以搭配出新感觉，让人眼前一亮，缺点是若掌握不好原则极易成“乱搭”而非“混搭”。

毛血旺是一道经典混搭菜。无论谁做，大致都会使用毛肚、猪血、午餐肉、粉皮、油菜、金针菇、豆腐等原料。

这些原料“混”在一起搭就很“搭”。

尝试过将油菜换成豆芽，被批评为“乱搭”，而在加入海鲜类的食材将其变成海鲜版毛血旺后，倒是蛮受欢迎的。

混搭是需要尝试并接受群众评价的。

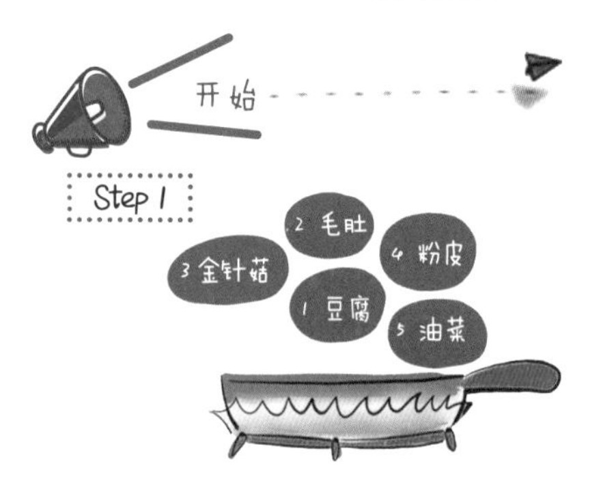

食材依次下锅汆水，时间不要太久，尤其是油菜煮到七成熟就可捞出放在一旁备用。

锅烧热，倒入油，在油不热时下入花椒和辣椒，油热就煳了……

Step 3

花椒和辣椒煸出香味后加入辣椒酱和郫县豆瓣酱及 1 勺白糖，用小火炒1～2分钟，炒出红油。

Step 4

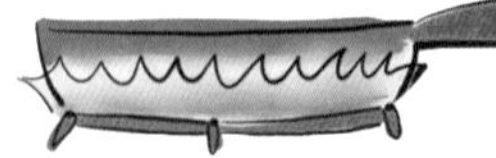

倒入大量清水，要是有浓汤也可以加一些，把水烧干。

Step 5

水烧开后，按照从1~6的顺序将食材放入锅内煮2～3分钟，再开锅时就熟了，不过毛肚可能要炖久些。

Step 6

准备一个大碗，将锅内的东西连汤带水全倒进来，沉！！

Step 7

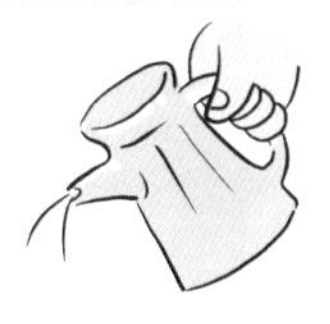

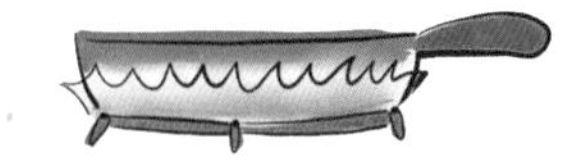

锅烧热倒油，大概有平时炒菜时4倍的量，烧到油冒青烟（表示油已滚烫）。

Step 8

趁烧油时，将干辣椒和花椒放在食材上，再将一些蒜蓉放在中间，量由你决定。

Step 9

将滚烫的油均匀地泼在食材上，过瘾！！安全第一！！

干煸辣子鸡

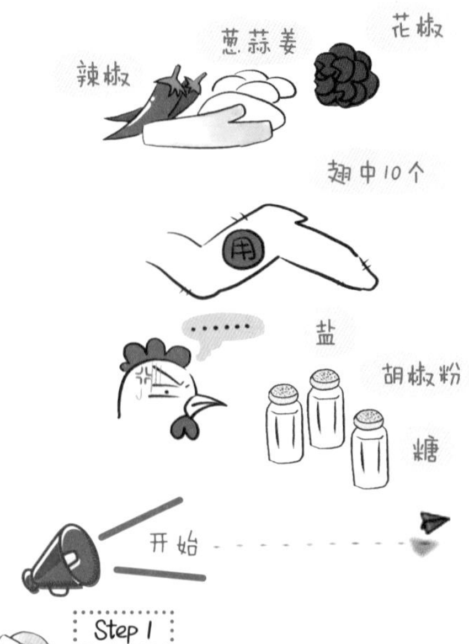

目的

干煸，是一种用油将食材加热去除自身的水分之后再调味的烹饪方式。传统的干煸方式在去除水分这步是使用少量的油以中火将食材慢慢炒至全干甚至是微焦。

我要说的是，不管是传统还是现在的形式，食材在处理前是不能裹面衣的，也就是说，得裸着入锅。这是因为裸着有利于排干食材的水分，而现代烹饪技法中复炸一法，为的更是迅速排除水分，使食材表面酥脆可口，你想，可不得裸着！

裸，不是噱头，是目的。

将翅中从中间砍成两半，放入碗里，加足量的盐和少量料酒，起码腌制15分钟。

Step 2

锅内倒入足够量的油，大火烧至七八成热。

不会手试就看：油面开始流动或锅内冒青烟了就是七八成热了。

Step 3

放入鸡翅，一定注意哦，油很热，方法是沿锅四周放鸡翅，不要从中间丢下去，会溅油的！！

Step 4

大火炸3分钟左右，找个笊篱把鸡翅捞出来，保持大火，把油再烧至七八成热。

Step 5

把鸡翅再倒入炸1分钟左右，这叫复炸，可确保食材外脆里嫩。

Step 6

锅里鸡翅盛出，只留一点底油，放入葱花、蒜片、姜片，小火煸香。小火昂！

Step 7

放入适量花椒，小火同炒。

Step 8

放入大量干辣椒，同炒，小火。

Step 9

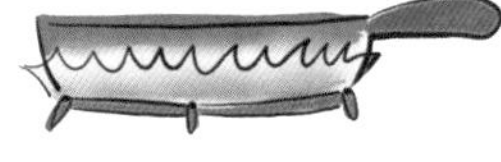

加入适量盐、糖、胡椒粉调味。

Step 10

把鸡翅倒入锅内，和辣椒拌匀即可出锅啦！！

红油担担面

味道

相传担担面因自贡市卖面小贩陈包包得名。此人卖的面，面条细薄，卤汁醇香，咸鲜微辣，香气扑鼻，十分入味，因此人是挑着担子沿街叫卖，所以得名“担担面”。

陈包包在当初贩卖面条时应该只是出于生计考虑吧，没想到几个世纪后的今天他的担担面却成了广受吃货们爱戴的东西，很厉害啊。当年也应该有很多和他一起卖面条的竞争对手吧，为什么陈氏担担面获胜了呢？

制作方法是一样的，但胜在自家调制臊子的味道与众不同，据说就算使用相同的原材料，每个人做饭的味道也各不相同。

好吃就可以了，这也是一种味道，最好的味道。

开始

Step 1 制红油

A 辣椒粉、盐、糖，按个人口味定量，倒入碗中。

B 锅烧热加油，油量一小碗，加入蒜头，或葱、姜、花椒，保持中火，炸出香味后关火，静置5分钟。

锅里除了留油，其余的东西全捞出来。

把油倒入调好味的碗里，拌匀，凉置1小时左右就可以成为一份完美的红油了！！这个红油可以调任何川菜，好味无敌！！！

Step 2 担担面的做法

你需要准备：

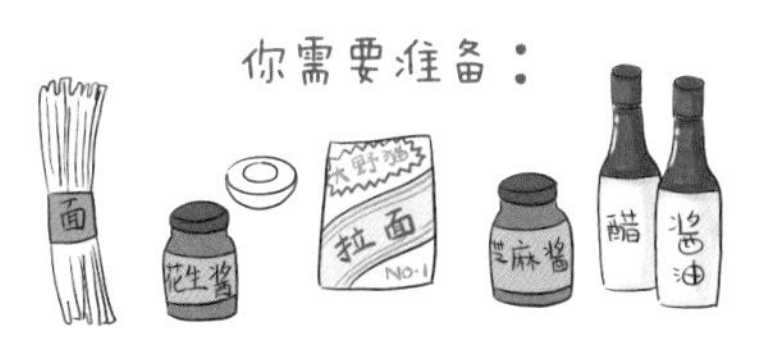

依据个人食量选取面条，普通面条和味千（超市有售）都可以，花生酱和芝麻酱可任选，两者混合也是好选择！！另准备酱油、醋、鸡蛋。

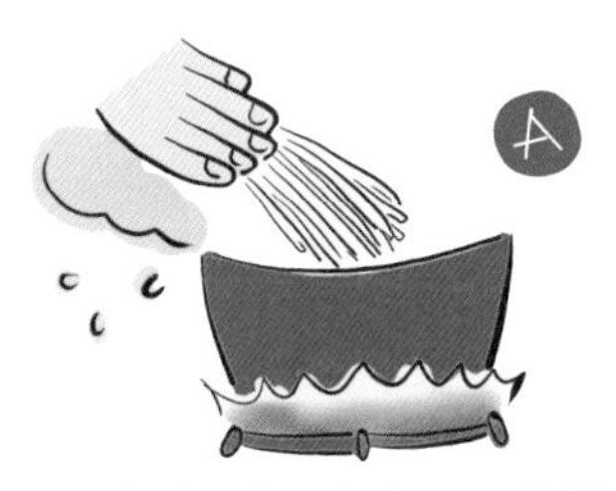

锅烧开水，煮熟面。煮时放一点盐，一点即可。

热面放到凉水里冲凉，保持筋道！

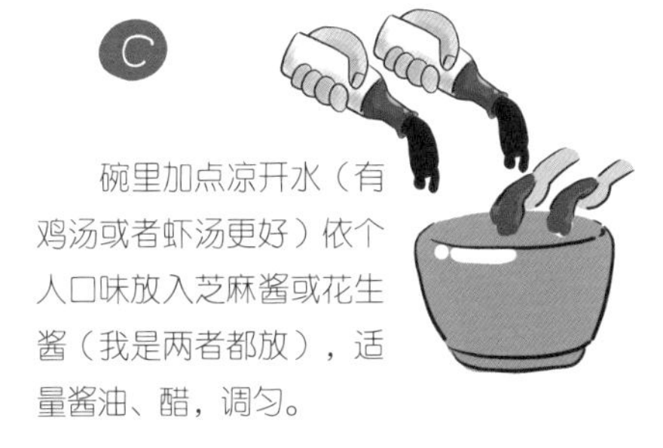

碗里加点凉开水（有鸡汤或者虾汤更好）依个人口味放入芝麻酱或花生酱（我是两者都放），适量酱油、醋，调匀。

把调好的汁倒在面上，之前的红油依据个人口味放入，最后放上鸡蛋，其实加点黄瓜丝也不错！！

第一

回锅肉，川人公认的川菜第一。是将五花肉煮熟后切成薄厚适中的肉片，辅以川菜经典酱料“郫县豆瓣酱”及花椒、青蒜炒制而成的经典菜式。用这道菜来佐饭，保准吃得满嘴流油，不停大喊：“再来一碗米饭！”

传说，从前川人在祭祀祖先后会用猪肉做菜，因为这猪肉是提前煮熟的，久而久之便形成了以煮熟的猪肉入菜的“回锅”做法，并迅速在各大川菜排名评选中稳居第一位。

猪肉、豆瓣酱、青蒜，如此简单的食材做成的回锅肉居然是四川人的最爱？居然不是水煮鱼或毛血旺？

用常见的食材以简单的方法做出的家常味道，虽普通，却更符合大部分人的口味吧。

公认第一名。

大火将锅里的水烧开，放入整块五花肉，煮至肉变白色，时间大约是3分钟。

Step 2

煮过的五花肉迅速放到凉水中冲凉。

Step 3

把五花肉切成合适的片，注意不要切得太薄，厚度1厘米为好了。

Step 4

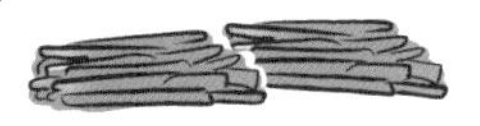

把青蒜切成3厘米左右的段，如果买不到青蒜，用蒜薹也能替代，但口味不及青蒜……不能用韭黄！

Step 5

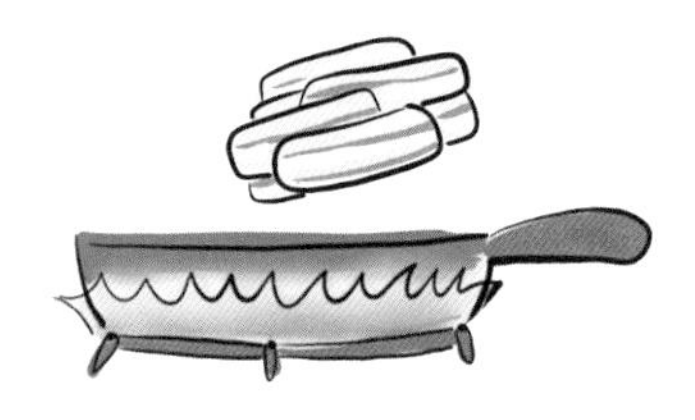

锅里倒入少量油，放入五花肉煸炒，炒出肉本身的油脂，火力是中火。

Step 6

炒出肉香后，依次放入花椒、料酒、酱油（各1小勺）和适量豆瓣酱，中火快炒。

Step 7

放入青蒜一同炒，如果觉得太干了怕干锅，可以加一小勺清水润一下，炒3分钟就熟了，火量中火。

Step 8

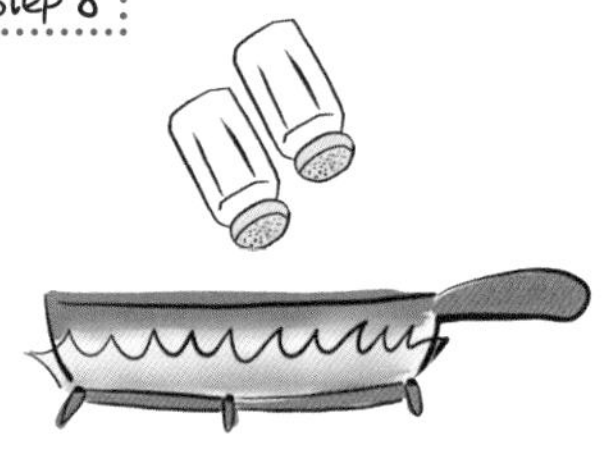

炒出红油后，放适量的盐和糖即可。

Tips

回锅肉为川味经典菜之一，为爱吃川味之食客不得不尝之菜例，如果在饭店里吃到的不好吃，原因只有一个：肉不新鲜！！明白我的意思了吗？必须用鲜肉做，陈肉、凉肉都不行。

麻婆豆腐

据说这个菜是由一位脸上有麻点的婆婆发明的。

你需要准备：

南豆腐　牛肉末　花椒　蒜末　豆瓣酱

开始

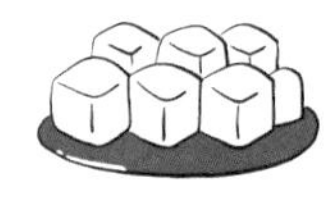

把豆腐切成你喜欢的形状。依个人喜好搭配牛肉末数量。

Step 2

热锅凉油，下入花椒炸一下。花椒一变色马上捞出。

Step 3

把炸好的花椒用刀背压碎，成小粒，备用。

Step 4

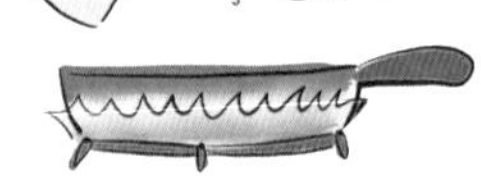

烧开锅里水，下入切好的豆腐，再开后2分钟就捞出豆腐

这就叫焯水，一可去除食材腥味，二可使豆腐变硬，炖时不会碎。

Step 5

依旧是热锅凉油，放入切好的牛肉末和蒜末，迅速翻炒，待牛肉一变色就滴入一点点料酒。

Step 6

放入豆瓣酱，如果喜欢吃辣，可以再加辣椒酱同炒，要炒出红油哦！！

Step 7

炒出红油后，放入少量水。

Step 8

放入焯过水的豆腐，炖 3 分钟。

Step 9

把东西盛到碗里，上面撒上切好的小葱和花椒粒。

Step 10

锅里倒油，烧开！将热油泼在豆腐上即可！！

鱼香茄子

你需要准备：

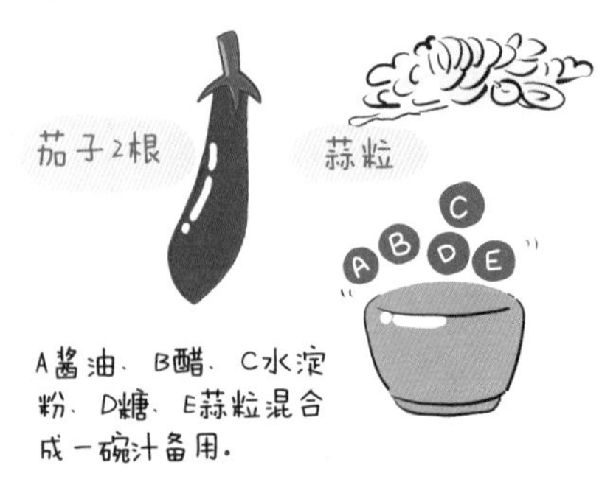

A酱油、B醋、C水淀粉、D糖、E蒜粒混合成一碗汁备用。

贫穷的智慧

应该有这么一句话，说广大劳动人民创造并拥有着无穷无尽的智慧。这“鱼香”原材料里没有鱼，却用易得的佐料烧出了鱼的味道。花白菜的价钱尝到猪肉味道的方式，多么富有智慧，谁不喜欢！

虽然调味的方法完全相同，我想鱼香茄子出现的时间却应该比鱼香肉丝早。因为这“鱼香”原本是属于穷人的方式，富人是买得起鱼和肉的，那他们自然不需要去多费脑筋考虑怎么把青菜做出肉味。

那我们应该感谢贫穷喽？

当然不是。

感谢的是劳动人民的智慧，虽然是穷出来的。

Step 1

茄子切成适合的长条，撒盐，腌10分钟。

Step 2

接下来这步最好找个男人做，你需要用尽全力，把茄子捏出水来……对，用力捏！

Step 3

把捏完的茄子用清水冲一下，去除盐分……再捏干水分备用。

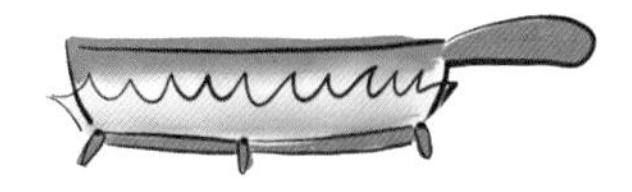

锅烧热，倒油，稍多点，茄子吃油，比平时炒菜的油多一倍，ok！

Step 5

把葱花和茄子一起扔下去，炒！！

Step 6

炒个2～3分钟，倒入少量水，加盖子焖一会儿。

Step 7

盖上盖子焖5分钟。

Step 8

锅里的水全烧干，这时把调好的汁倒进去。

Step 9

因为汁里有水淀粉，所以要快速翻动，让每块茄子都裹上汁就ok！

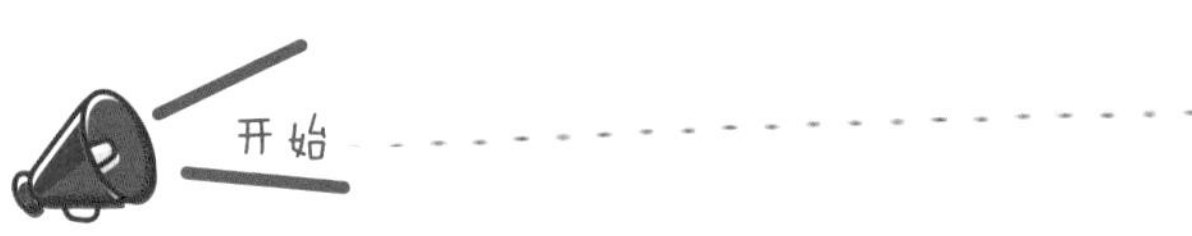

开始

Step 1

猪肉切成丝，笋切片，黑木耳泡发后去除下部杂质撕成朵，葱姜蒜切成末。

Step 2

锅里加油，放入葱姜蒜爆香，火量为中火。

Step 3

放入肉丝，炒出香味，待肉一变白后加入几滴水，会听到“刺啦”一声，这样会使肉变嫩，但水不能放多噢……

Step 4

肉炒到变色后放入笋一起炒，火力保持中火，同时加入辣椒，炒出红油。

Step 5

放入黑木耳，将食材拌匀，加入一小碗水，炒制约5分钟，将水分收干。

Step 6

将之前调好的汁倒进来，用铲子快速翻炒，因为有淀粉，快炒以保证不粘锅，出锅前加点胡椒粉。

Tips

1. 猪里脊肉的好处：富含优质蛋白和脂肪酸，还可改善缺铁性贫血。
2. 竹笋的好处：低脂、低糖、低油、多纤维、去积食、防便秘。
3. 木耳的好处：富含铁，可养颜。并有抗肿瘤、防癌功效。
4. 食完此菜后不宜大量饮茶。

香辣牛肉

体会

香，指令人感到愉快舒适的气息和味感的总称，这是一种让人感到美好和舒服的味道，例如花香、茶香、鲜香、甜香等。

辣，在饮食中特指为一种刺激的味道，这种味道可以让人的神经感到“疼”，所以我们会觉得这种味道是刺激的。

那香+辣呢？

美好而刺激，疼过之后的舒服……

你邪恶了吗？

这只是口舌之间一种难忘的体会。

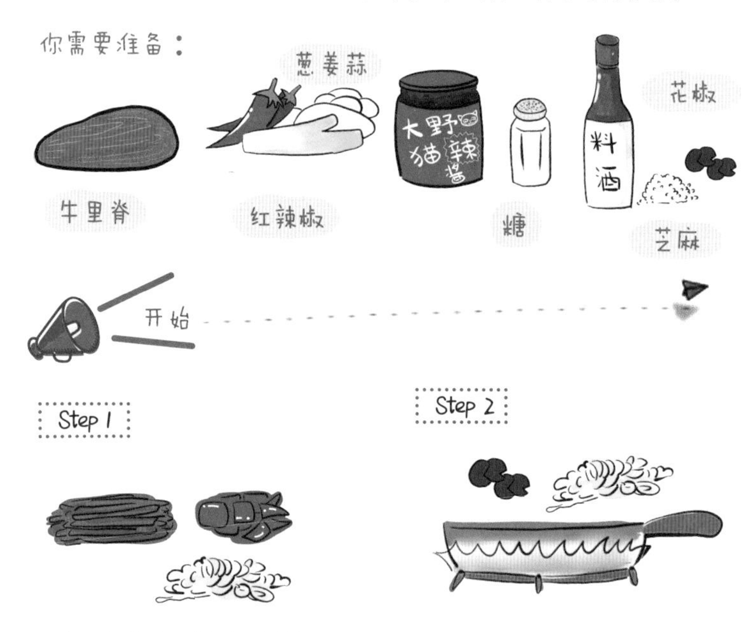

牛肉顺着纹理切成0.5厘米宽、5厘米长的条，葱姜蒜切末备用，红辣椒切段。

热锅凉油，放入葱姜蒜末和花椒小火爆香。

Step 3

把牛肉条下入锅中，大火爆炒。

Step 4

炒到肉发白时，倒入大约2勺料酒，去除牛肉腥味。

放入红辣椒段一同煸炒。

Step 6

依据个人口味加入辣酱，也可以倒进去一些酱里的红油，味道很足！

Step 7

接下来要耐下性子，不停用铲子翻炒牛肉，要5～6分钟的样子，怕煳锅用中火。

Step 8

撒入芝麻，拌匀，即可。

Tips

1.牛肉脂肪含量极低，可提供大量优质蛋白，并且不易发胖。
2.将芝麻改为香菜另具一番风味。
3.芝麻白与黑效果相同，但白芝麻配这个菜更漂亮。

香辣茄皮

你需要准备：

Step 1

把茄子皮切成粗细均匀的条，注意在削茄子皮时应稍微保留一点茄肉。

Step 2

蒜切片，姜切丝。

Step 3

锅内加入少量油，放入肉末（其实肉粒口感也不错）煸香。

Step 4

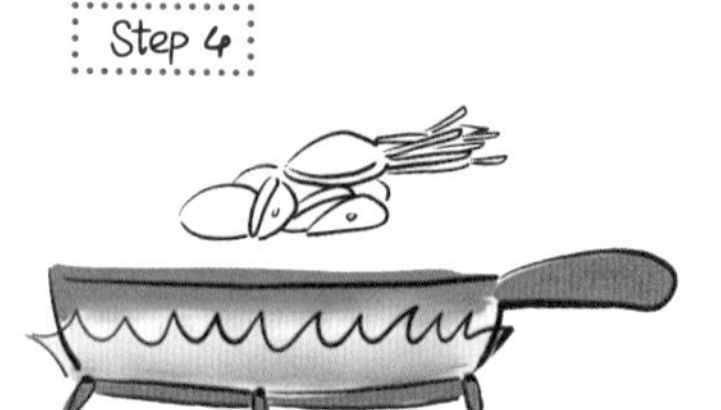

肉变色后放入蒜片、姜丝一同煸炒，火力为中火。

Step 5

倒入适量酱油和糖，继续煸炒。

Step 6

依个人口味加入适量辣酱，也可加其他品牌辣酱，但老干妈有豆豉香味，故推荐。

Step 7

将辣酱炒开后加入茄条，中火继续翻炒。

Step 8

中火不停翻炒至茄子变软、外皮泛油亮时（大概要炒5分钟）撒入香菜末即可出锅。

Tips

1. 茄皮极富营养。
2. 茄子性凉，请依据个人体质选食。
3. 茄子不可生食，莫听悟本胡言。
4. 最后一步，若不喜香菜，可以香葱代之。
5. 此菜可与“无敌茄片”配套食用。

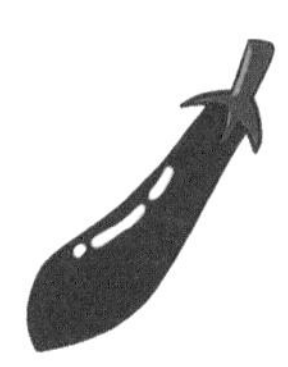

告一段落，
休息一下

Can't Find The Words

Karina Pasian

Now We've been taking for a while.

And you g... t.

Boy Ido...

But yo...

And al...

Noonec... baby.

I wishe...

It's hard t...

You g...

... my heartgets.

... like ... to speak.

I just

... can't

But It's hard to say what's on my mind.

The chemistry we have is hard to find.

But to find the right Words is gonna take

Some time.

Karina Pasian，1991年出生，22岁的蓝调女生，会用七种语言歌唱，《Can't find the words》是首少女怀春的歌曲，讲述情窦初开的少女在面对心仪对象时的手足无措。

PART 5

番外篇

有很多人看小说时都对番外情有独钟。“番外”是对正文的补充，也可以是与正文有点关联的题外话。《吃货漫语》中，除了有明确分类的几大系列，还有零星几个落单的菜谱。其实，食材也有生命，厨房也有故事，这番外篇存在的意义，就是能让你在油盐酱醋的繁琐之中，在看到色香味美的胜利果实之前，就尝试关注过程的喜乐，体味锅碗瓢盆间的幽默。也许，看了这一篇，你就知道，很多人之所以做菜好吃，并非师出名门、潜心修炼，而是因为有一颗充满了小阳光的心。快乐是一种调味剂，会让你烹出的菜品焕发出生命的活力。

PS：不读这一篇，你一定会错失认识一树（又称“杀生丸子”）的良机。

在我国各地，土豆的叫法是不一样的。

在东北地区直接将其称之为土豆，而西北地区通常叫它洋芋。江浙地区称呼它洋番芋，两广和香港地区就“萌”多了，叫做薯仔。华北大部分的称呼土得掉渣，叫它山药蛋。

我的大名叫马铃薯！！

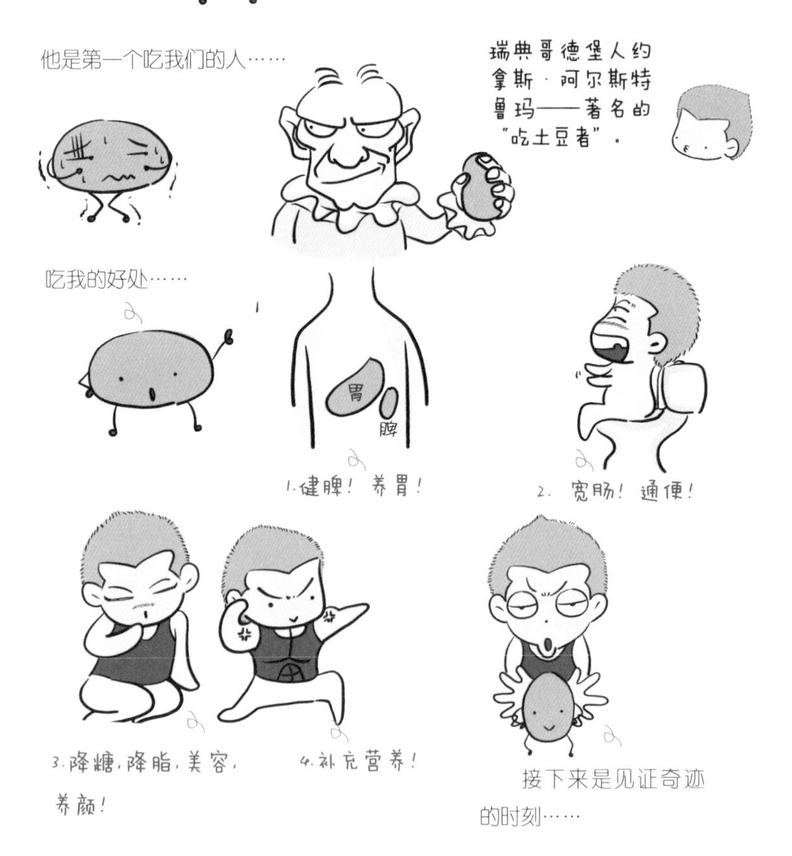

土豆炖牛肉

根源

据说，南美对世界有三大贡献：烟草、土豆、马拉多纳。因此，对中国人来说，土豆是地地道道的舶来品。

按说舶来品这种洋货既然名字中有个“洋”字，那该是比较洋气的，可唯这土豆，让人无论如何也难将其和“洋气”二字联系，听这名字：土豆。看这长相：粗皮疤拉。尝这味道：平淡无奇。你确定这是个洋货？

千真万确。

而且这个洋货无论在世界的哪个角落，千百年来都是穷人们最好的礼物，为什么？

因为它根源于土壤。

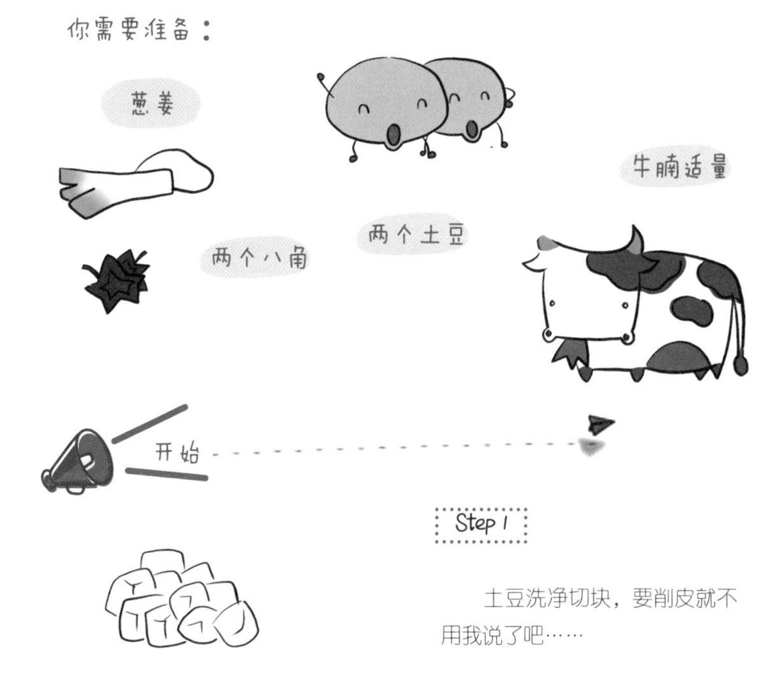

土豆洗净切块，要削皮就不用我说了吧……

Step 2

牛腩切小块，先放进锅中用开水汆3分钟，去除脏东西，捞出用清水洗净。

锅内倒入油少许。

Step 4

油热后把洗净的牛腩放入锅中炒一炒。

Step 5

炒出肉香后，依次放入糖、料酒或白酒、酱油。

Step 6

放入土豆块一同炒。

炒1分钟左右，加入清水，水量要没过锅内食材。

Step 8

大火烧开锅内的水，并加入葱、姜、八角，喜欢吃辣的可以加入辣椒。

Step 9

小火烧40分钟即可出锅。

小k土豆泥

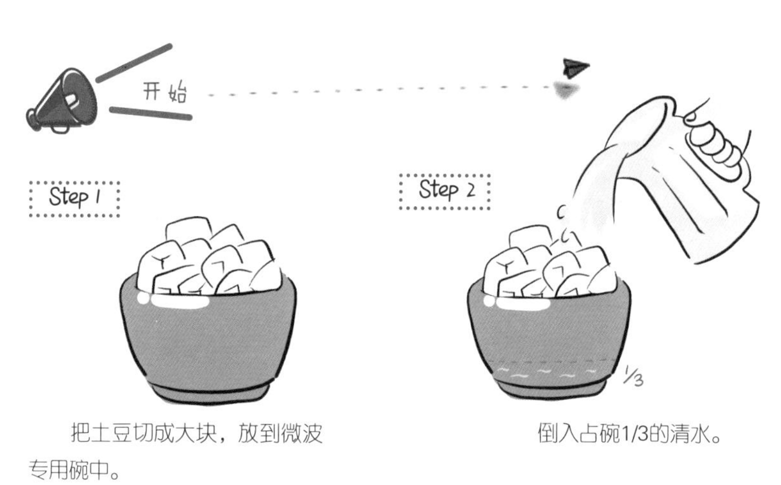

把土豆切成大块，放到微波专用碗中。

倒入占碗1/3的清水。

放入微波炉中高火加热8分钟。

依据个人口味，放点糖和盐。

Step 5

用勺子把土豆压平成泥状。

锅里倒油，热后依次加入肉丁、黄瓜丁、玉米粒炒熟，调味可依据个人口味，一般我都会加一点糖、盐、胡椒、鸡粉和2滴酱油。

Step 7

把碗里的土豆泥压平。

Step 8

把碗倒扣于盘中，动作要快！

Step 9

小心地拿走碗，土豆泥就会很漂亮啦！

把炒好的配料倒在土豆泥上即可。

可乐鸡翅

谁之过

白羽鸡几乎毁掉了使用它的快餐业。问题出在养殖商为了使这些可怜的鸡快速成活给它们使用了大量的违规抗生素，而这些抗生素有一些是很要命的。离不开鸡肉的两大洋快餐纷纷表示压力很大，一方面努力地澄清自己使用的鸡肉绝不违规使用抗生素，一方面破天荒地推出了多种超实惠的套餐以达到促销目的。

那你们促销的目的是什么？

其实白羽鸡本身是好的，这种鸡生长周期短，肉质好，是熟食、快餐企业的上佳之选。但是当饲养者为了达到某种目的而在它们的身上和食用的饲料使用了一些手段后，白羽鸡突然变成了过街的老鼠，人人对其嗤之以鼻，避而不及。

是白羽鸡的错么？

白羽鸡表示压力很大。

谁之过？

你需要准备：

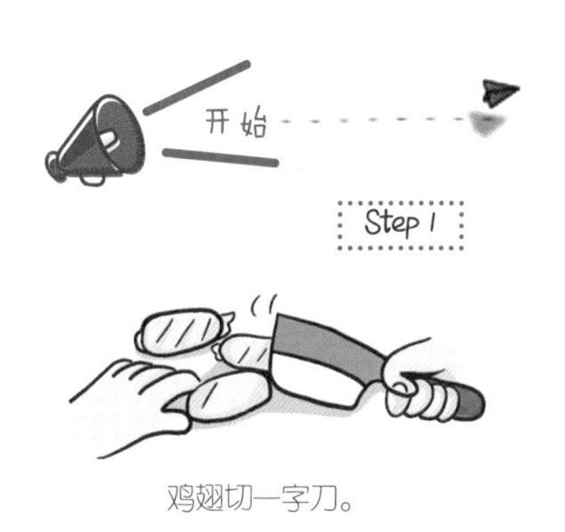

鸡翅切一字刀。

Step 2

鸡翅用开水汆一下。

Step 3

3分钟后取出鸡翅，放入凉水中洗净。

Step 4

放上鸡翅，加入一瓶可乐和100毫升酱油。

Step 5

烧至锅里的汤汁收干，就可以了……

让你做鸡翅而已！！你给我找鸡打架……还不快去！！！！

干烧鲳鱼

你需要准备：

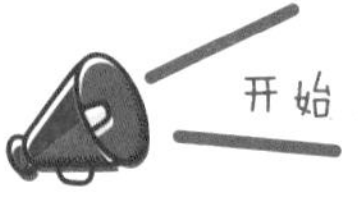

Step 1

拿刀在鱼身两面划一字刀（就是划道大口子！）。

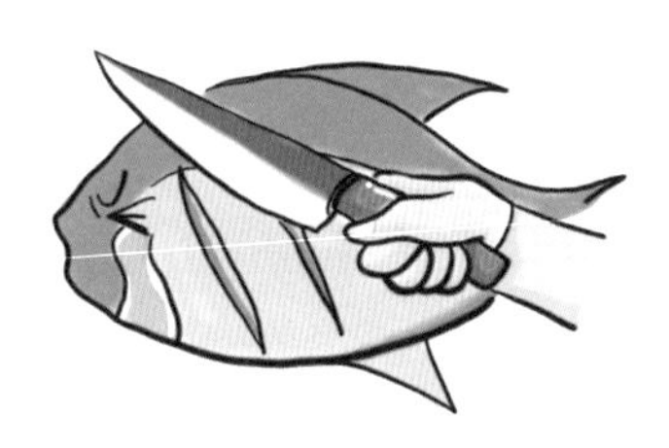

Step 2

撒上少许酱油和料酒，拌匀，腌一会。

锅内倒多一点油，将鱼煎至两面金黄。

Step 4

把鱼拿出来，放上葱姜蒜末和花椒爆香。

Step 5

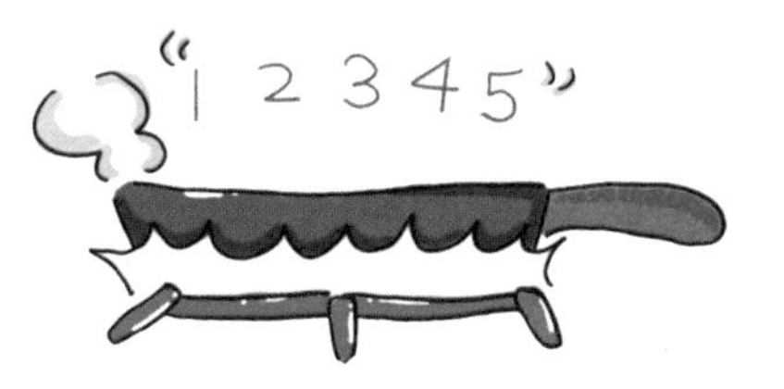

依次加入郫县豆瓣酱、辣椒酱、酱油、料酒、糖炒匀。

Step 6

将鱼放进锅内，加入少量水烧干，收汁即可。大概……10分钟吧。

你需要准备：

靠海吃海

紫菜在我国的历史可以追溯到很久很久以前。1400多年前的北魏时期，有本叫做《齐民要术》的书中就说："吴都海边诸山，悉生紫菜。"然将紫菜用到极致的国家是日本，在那里，紫菜被称为"海苔"。

知道有海苔这样东西的确切时间我已经忘记了，但肯定不会比知道紫菜的时间早。第一次吃海苔我就喜欢上了它，脆脆的，香香甜甜，入口即化，而且在紫菜身上能吃到的那股怪味道，在海苔的身上吃不到。

海苔是拿紫菜烤熟了之后加调味料而成的食品，其实就是紫菜的深加工食品，这方法源自日本。我相信这种深加工的方法，中国人不是想不到，更不是做不出来。只因我们有更多物产可作为美味的食材，不需只局限于向大海求索。但如果因拥有太多，而不知珍惜、止步不前，岂不是可惜？

Tips

粉丝是细的，海米是小的。

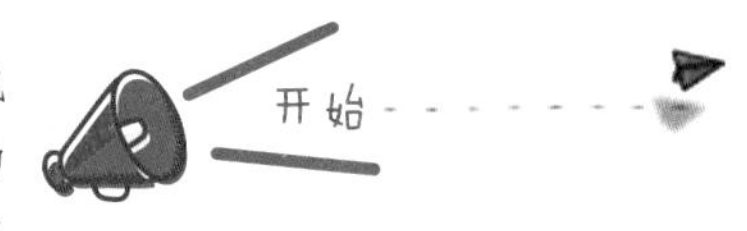

Step 1

将粉丝置于沸水中浸软，泡熟，约3分钟。

Step 2

用泡粉丝的温水泡开紫菜，量您自个儿看着办。

Step 3

还是这些水，把小海米泡进去。

Step 4

把泡发好的粉丝和紫菜拌匀。

Step 5

加入适量的醋、糖、盐，拌匀。

Step 6

撒上泡好的小海米即可。喜欢大蒜的朋友可以加蒜泥。

Tips

紫菜富含钙、铁，可预防“大脖子病”。对艾氏癌的抑制率更达到惊人的53.2%!

皮蛋瘦肉粥
你需要准备：
皮蛋
米饭
瘦肉
盐
小葱、姜
糖
胡椒粉
开始
Step 1
皮蛋切块，瘦肉切丝。
Tips
请生熟分开。
Step 2
锅内倒少许油放入皮蛋煎一下，这是关键一步！！
Step 3
建议使用砂锅，倒入适量水及米饭一同煮。
Step 4
小火煲制15分钟以上。

Step 5

先放入炒过的皮蛋。

Step 6

再次煮沸后放入切好的肉丝。

Step 7

撒上切好的姜丝，不爱吃可以挑出扔掉，但做时必须放。

Step 8

调味放入适量盐、糖、胡椒粉，撒绿色的小葱碎。

Tips

1. 皮蛋含铅，勿多食。
2. 此法为简易制法，故使用蒸好之米饭，若使用生白米煮制，效果更佳！！

Foster the people是一支来自洛杉矶的独立流行乐队。这支乐队用一首《Pumped up kicks》拿到了美国各种类型榜单的前十位。乐队的音乐类型以电子为主音，融入各种复古元素，深受年轻fans的追捧。

PART 6

休闲的西点咖啡

学会了众多中式菜肴的做法，是否身心疲惫了呢？跟着树先生一起学着做点面包和咖啡吧。哦，对了，树最近遇上了一位美丽的姑娘，她也是个地道的“吃货”，但又有一些小清新的审美情趣。休闲的西点和咖啡，正是谈情说爱、培养感情的最佳搭档啊！

大家好！
我是树！

我叫树。

……

那个谁！作者出来！给
我解释下这个面瘫怎么
和我一个名字？！

面瘫？你是说那个摆造型的吧？你
们两个都是树，要和睦相处哦，在
《漫语》里，那个你主要就是摆造
型耍帅，而在接下来的内容里……

……

这个你主要负
责耍二！！！

……

凭什么摆造型耍酷就得是
他！犯二就得我来？我看
起来很二？他看起来很
帅？！！！凭什么？！！

那你觉得他这样合适么……

……

大家好！
我是树！
闭嘴！是我创造出
你们来的！！

……
你要干什么？
拿起

……

我知道了！！！
你····你
是想吃了他吧！
是，那你也不能随
便吃小孩啊……

嗯……？
这是你的新
搭档，剩下
的你们自己
看着来吧！

好可爱……

我叫安静。

不管怎样……
开始吧……
……
怎么好像那个
面瘫回来了一
样……

开始吧。

免揉面包

一年级生也可以做**的面包！**

Tips

注：No-knead bread 即为免揉面包的意思。

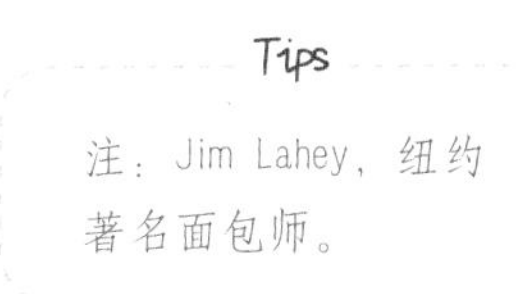

Tips

注：Jim Lahey，纽约著名面包师。

咱家有中粉吗？酵母？tsp？
那你量出1/4tsp酵母，1/2tsp盐先！
有啊。
……

有1/4的tsp就会有1/2的tsp，接下来量出足量的盐再……

我就是tsp！全名teaspoon！这是1/4的我！
你不就个是勺子么。
我们是酵母！
1/4Tsp
1.25ml

接下来找出和面盆，倒进去3杯中粉和1.5杯清水，轻轻搅拌就好！
噢！盐和酵母加进去！
拌匀哦！
……
快点啊！

既然叫免揉，那就是说是不需要用力的。轻轻地把它们搅成不干的面糊状就好。

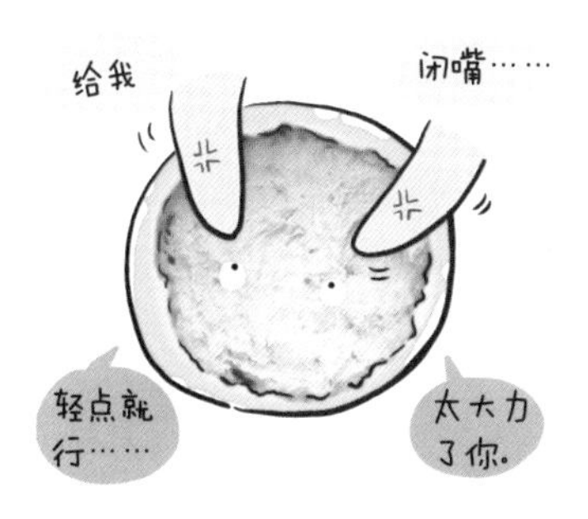

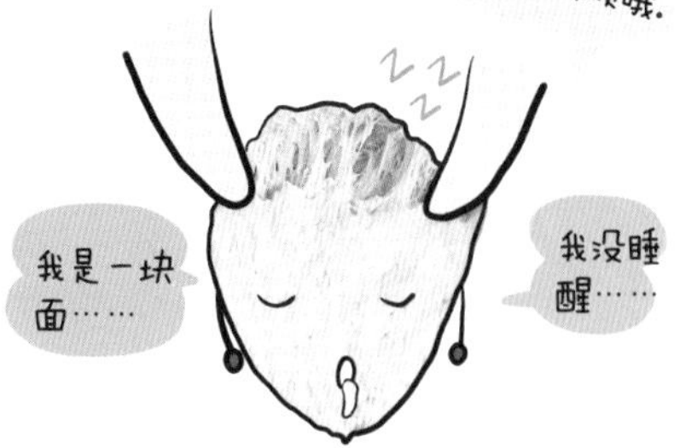

第二天，15个小时之后，这块面已经发酵成功了，把它弄出来。嗯，室温24℃。

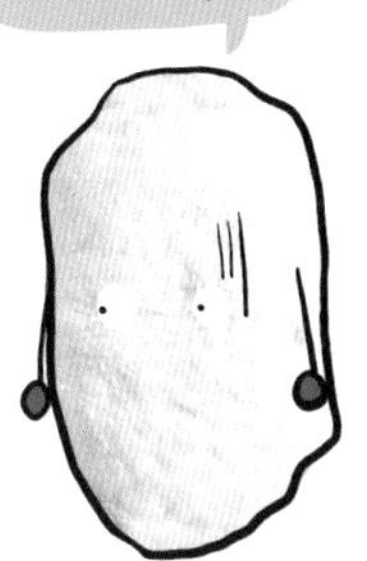

我们选取的量是两人份的，所以，需要把那块面分开，为什么身材差这么大呢？

依照李黑（lahey）同志指示，选取带盖铁锅做面包，铁锅是个好东西哦……

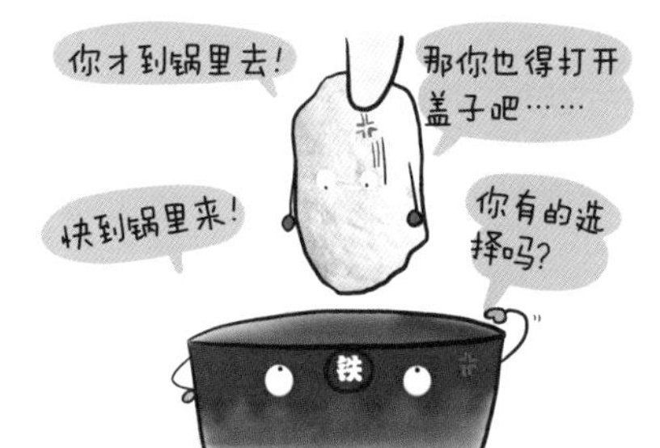

忘记了，铁锅得提前加热，接下来把铁锅放进烤箱，200度烤30分钟。

……

Hi! Darling!!

30分钟后拿掉盖子，那面就已经是这样了……呃，请以实物为准。

拿掉盖子再来10分钟上上色，就这样了。

Tips

呃，这款免揉面包真的是超级简单呢，最后把面包放在室温里自然冷却时还会发出细碎的收缩声，表面也会有漂亮的龟裂纹出现。吃的时候，配上一小碟橄榄油和烤大蒜，一份新鲜的蔬菜金枪鱼沙拉，再来一碗南瓜浓汤，噢噢噢！试试吧！

苹果派

呃，不是少年派的么

《少年派的奇幻漂流》根据扬·马特尔风靡全球的同名小说改编而成。讲述了少年派和一只名叫理查德·帕克的孟加拉虎在海上漂泊227天的历程。

苹果派（apple pie）算得上美国食品的一个代表．是美国人生活中比较常见的一种甜点．

甜食有让人吃后感到开心的魔力哦！

呃，话说甜食吃多了的确会发胖……

Step 1　做派皮

取适量的黄油（常温下软化）、低筋面粉、细砂糖、少量水混合，按摩，最后就会得到一个黄色的面团，静置15分钟。

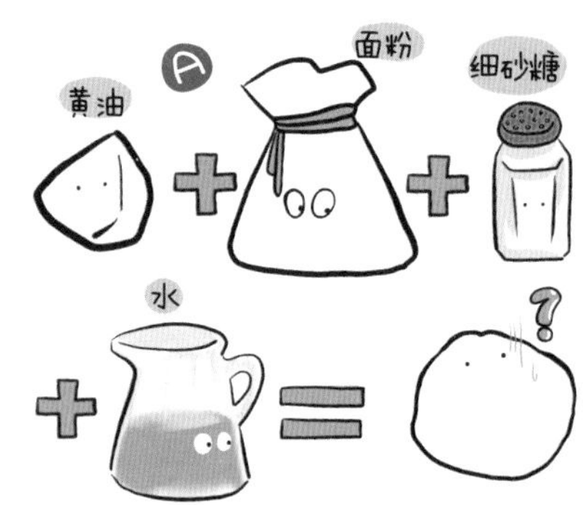

拿棒子，不，是擀面杖把面团弄成薄片。

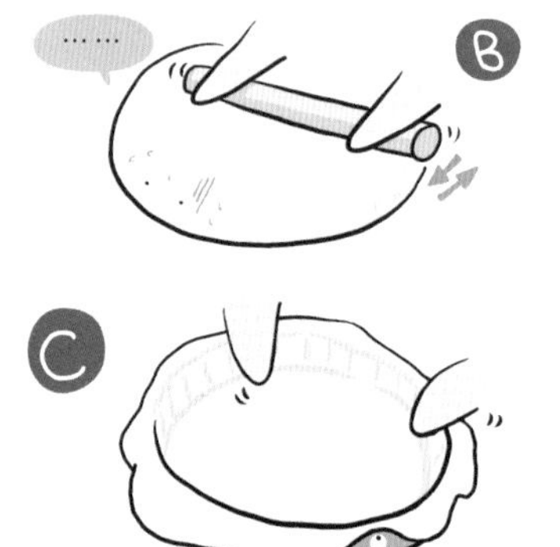

把派皮蒙在盘上，尽量使皮和盘贴合。

准备好一个派盘，这玩意应该去买一个。

用擀面杖轻轻地沿着盘沿滚几遍，这样可以切掉多余的派皮。

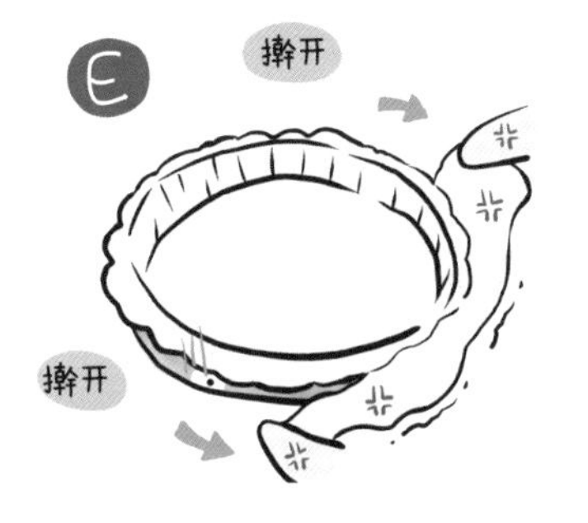

把多余的派皮撕下来，哦哦哦，它们不高兴了！好吧，你们不是多余的，有用！

把这些不是多余的派皮切成长条！他们是很有用滴！好了，派皮总算做好了！

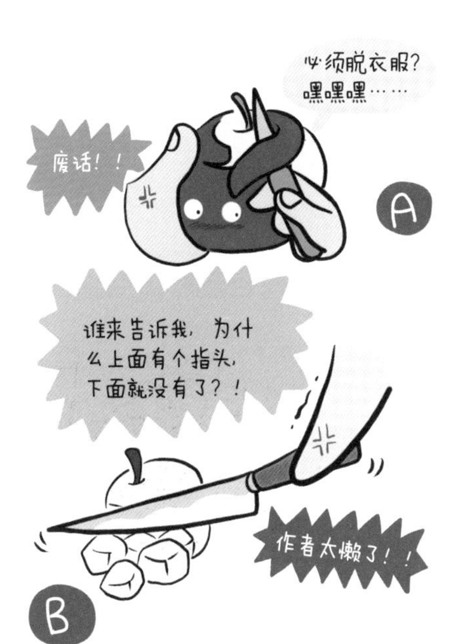

Step 2 做馅

一般来说，一个派我就用一个苹果来做，因为我的派盘不是很大，这样也可以控制吃的量……真汗……呃，苹果需要切成稍微小一点的块，这样更容易成熟的。话说那红果子，好猥亵……

Tips

记住昂，接下来要先将黄油化开，之后倒入适量牛奶、高筋粉、糖、盐、以及一个鸡蛋后，将它们搅成糊状先！再将切好的苹果丁放进去充分混合，这就是派馅！

用叉子在派皮上扎眼，这是为了防止烤制时裂开。

我曰：太满则溢……

施主，注意"量"啊……

把馅料铺进派盘中，注意倒入大约七八分满就好了，太满容易烤破了！

看起来有些麻烦哦……

接下来就是刚才那些不多余的派皮出场的时刻啦！

我不知道怎么形容，反正就是这样子把它们交叉摆在馅料上就好了！

Step 3 烤制

烤箱提前预热，180℃放入烤制25分钟左右就可以啦！

完成！

戚风蛋糕

与戚继光无关！

威风蛋糕，英文名字是Chiffon cake，威风是个音译啦。
这是一款海绵蛋糕……
Harry Baker发明的。

威风威风，可惜这个霸气的名字。
原来是软的噢……

不过，仔细看来，你这身装扮，还真是……
……

哼哼，威风凛凛，
霸气侧漏是吗！？
名将！
这就是我的
风格！我的
气质！！
哼哼。
康

有些像倭寇。
二够了就干活。

……
……
倭

Step 1

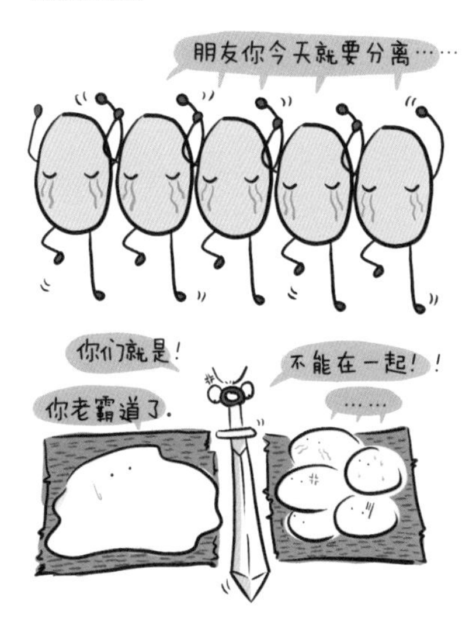

取5个鸡蛋，将蛋清和蛋黄分离。

Tips

记住哦！必须严格分离！蛋清和蛋黄绝对不能在一起！

对了，拿刀把席子划开那个成语叫什么来……

Step 2

把5个蛋清倒进这个不锈钢盆里。

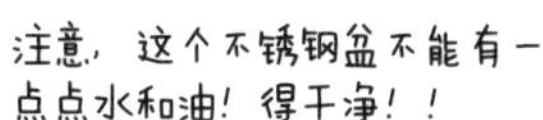

开始用打蛋器搅拌蛋白。

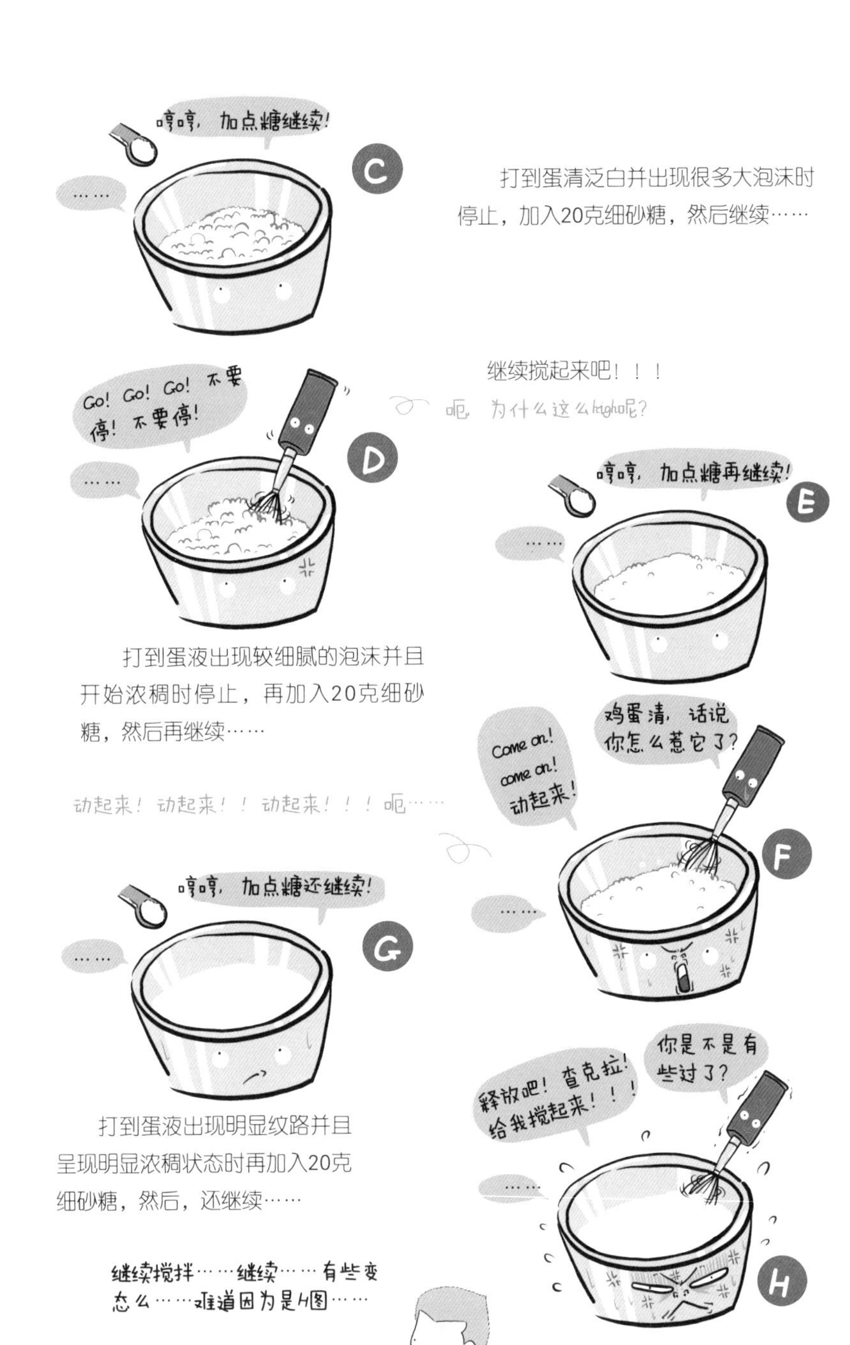

哼哼，加点糖继续！
C
……
打到蛋清泛白并出现很多大泡沫时停止，加入20克细砂糖，然后继续……
Go! Go! Go! 不要停！不要停！
D
……
继续搅起来吧！！！
呃，为什么这么high呢？
打到蛋液出现较细腻的泡沫并且开始浓稠时停止，再加入20克细砂糖，然后再继续……
哼哼，加点糖再继续！
E
……
动起来！动起来！！动起来！！！呃……
Come on! come on! 动起来！
鸡蛋清，话说你怎么惹它了？
F
……
哼哼，加点糖还继续！
G
……
打到蛋液出现明显纹路并且呈现明显浓稠状态时再加入20克细砂糖，然后，还继续……
释放吧！查克拉！给我搅起来！！！
你是不是有些过了？
……
H
继续搅拌……继续……有些变态么……难道因为是H图……

Like this baby?
湿
……
弯

Like this baby?
干
……
直

再搅拌一会就会出现一种状态。嗯，提起打蛋器后顶端的蛋白会出现弯弯的尖儿，这属于湿性发泡；再搅拌一会，会出现短小直立的尖角，属于干性发泡，你试下！

……

真像倭寇。

Step 3

加入30克细砂糖到5个蛋黄里，轻轻打散，不是打发昂，不要太用力，轻轻，轻轻……

加入40克色拉油和40克牛奶，继续轻轻地搅拌，嗯，打蛋器得换成橡皮刮刀……

加入80克低筋粉，继续轻轻地搅拌直到浓稠。

取1/3的蛋清混合到蛋黄液里，上下翻拌，不能画圈，动作要快，不然蛋清会消泡……

接下来，将混合过的蛋黄糊——是蛋黄糊哦——全部倒入那个凶巴巴的不锈钢盆子里。

之后还是用橡皮刮刀从下往上地轻轻搅拌，把它们混合成淡黄色浓稠的糊糊就好了。

Step 4

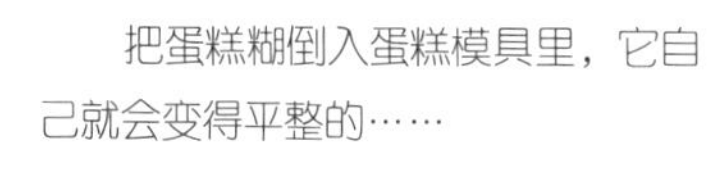

把蛋糕糊倒入蛋糕模具里，它自己就会变得平整的……

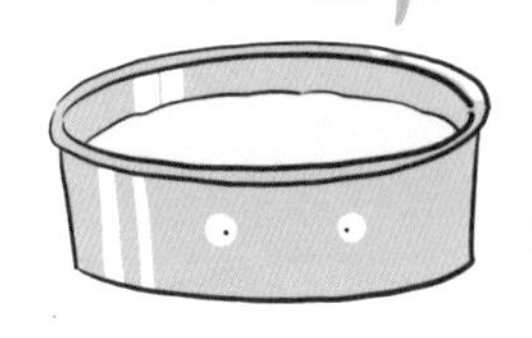

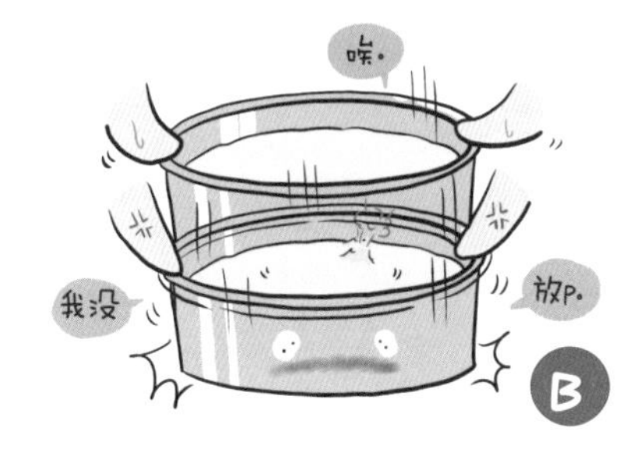

用力将模具在桌子上震两下，将蛋糕糊里面的气泡震出来。

烤箱预热，170℃烤制1小时。

从烤箱拿出来后，接着要倒放在冷却架上，脱模之后就可以吃啦！直接吃或抹上东西都好哦！

越南咖啡

一口就会爱上

Tips

滴滴壶（method），越南咖啡专用器具，多为不锈钢制品，因体积小而适合旅行携带。

滴滴壶盖
一般的滴滴壶都由这几部分组成。
他们是不锈钢的哦。
加压器
对啊。
麻烦么。
壶杯
你说呢？
底座
……
把它们按顺序放好，就是一个滴滴壶啊！
煮咖啡我不在行呢。
多了一个底座哦。
咖啡就是从你们这里漏下去的！
Do you know?
……
其实滴滴壶结构很简单，使用起来也方便！
……
啊啊啊！要烤煳了！
越南咖啡采用深度烘焙，豆子遭老罪了……

首先我们往杯子里倒入适量炼乳。

接下来把滴滴壶的底座放在杯子上。

轻轻地将加压器上的螺母旋转压下去。

取20克咖啡粉倒入滴滴壶杯，轻轻将其平整地铺在底层。

记住不要过分用力，因为太紧水会滴不下来的。

把压紧咖啡的滴滴壶杯放在底座上，然后再和那个红杯子合体！

接下来，我们需要用少量90℃的热水浸泡滴滴壶杯里的咖啡粉20秒钟左右，嗯，专业术语叫做焖蒸。以不能往下滴水的水量为准。

接下来将热水倒入滴滴壶内，静置3分钟左右的时间，一杯越南滴滴壶咖啡就基本完成了！

呃，对了，滴漏过程中要盖上盖子哦。

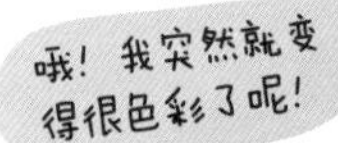

3分钟后，一杯由炼乳和越南咖啡粉完美结合的咖啡就诞生了！越南人就是这么喝咖啡的！

嗯，最后用肉桂棒轻轻地搅拌均匀就好啦！其实，冰咖啡更美味呢！

卡布奇诺

充满诱人气息

爱情像Cappuccino……
卡布奇诺
¥28
coffee.

……
一杯要28块！
卡布奇诺
¥28
coffee.

诱人的气息多
爱不释手。
她今天什么路子？
可我也
会做。
¥28
coffee.

凭什么他要卖到28块!
以后我每天卖你一杯!
……
卡布奇诺
¥28

Good question!
卡布奇诺什么意思?
美剧后遗症.

小尖顶的帽子.
深褐色的道袍.
我穿着cappuccino去喝cappuccino..
圣芳济教会传到意大利时，当地人觉得修士服饰很特殊，就给他们取个cappuccino的名字，意指僧侣所穿宽松长袍和小尖帽，它源自意大利文头巾，即cappuccio……
后来，爱喝咖啡的当地人觉得浓咖啡、牛奶和奶泡混合后的颜色很像修士所穿的深褐色道袍，就给牛奶咖啡又有尖尖奶泡的饮料正式取名为卡布奇诺cappuccino。

Step 1

要开始了?

嗯……

旋转咖啡壶，分开成上下壶。

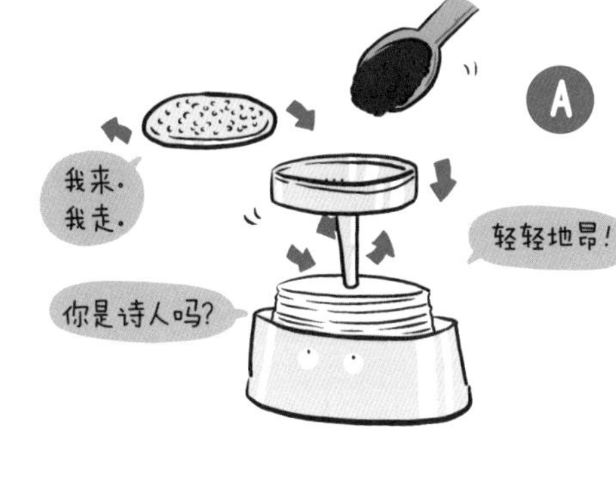

取适量意式咖啡粉放到加压器上，用滤网轻轻压平后和下壶旋接在一起。

……

水量要在安全气阀之下昂!

安全气阀

看不出来这壶是女的哦.

倒入清水，水量控制在安全气阀之下即可。

取一张滤纸，过水，轻轻放在上壶的底部。

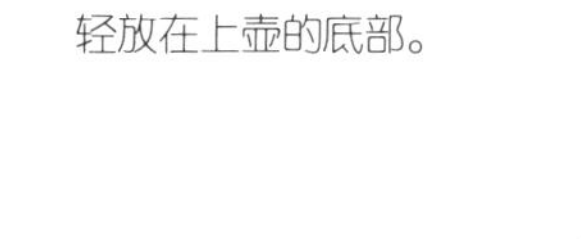

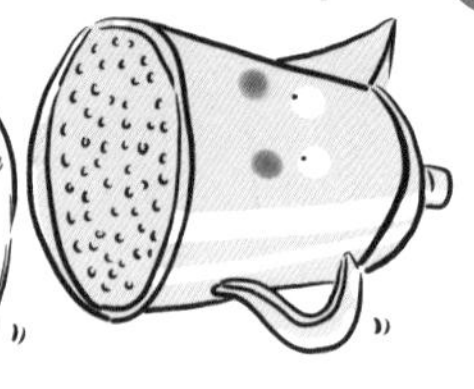

重新将上下壶组合在一起。

把咖啡壶放在瓦斯炉上，加热。

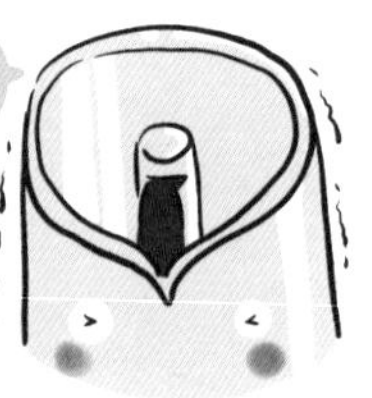

看到咖啡流出来后马上关小火。

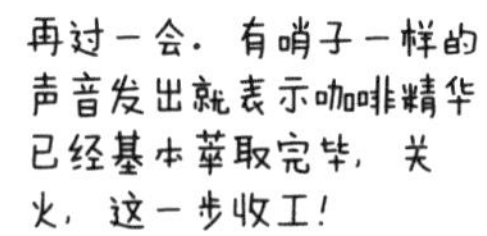

将鲜奶加热到65度。

用振动，不是，是打泡器打出绵密且能流淌的奶泡。

先来1/3咖啡，之后是1/3牛奶，最后来1/3……ok！

By1一树.2012.10 青岛

等等我停车先！！
小子！你让我糗大了！为什么照你的菜谱做菜不咸！！！？？
不可能吧？你看明白了么？
你来试试！！白水一样没味！！！
等一下，你放盐了么？你个扫把头……
噢哟哟！做菜要放盐么？哟哟！
我真想砸你啊……
你没写放盐！！！
做菜可以不放盐么……

“不……不可能吧？”

“你来试试？！”

“……对了，你放盐了么？”

“……”

“喂？”

“……”

“喂？”

“……做菜还要放盐吗？……不对，你没画要放盐！！！”

“……”

这些图最大的好处就是参考性和可操作性极强，反复阅读率也会很高，但是，有一句话叫“尽信书不如无书”，盐乃百味之首，人不可一日无盐。你听说过做菜可以不放盐么？！

这是问题一。

第二个问题。有人会问我，为什么你有很多地方没标明调味料的准确使用数量？我以为，不同的调味料在使用前是要尝尝味道的。这个糖有多甜？那个盐有多咸？每个品牌的调味料的滋味是不同的，所以我无法告诉你准确的使用数量。还有，每个人的口味喜好也不同，不尝过怎么会调出你喜欢的滋味？所以，我写“适量”，不是糊弄你。

下一个问题，有好多朋友照着这些图做菜会很好吃，有的人即便是认真地按步骤来也做得不好吃，这时我会说一个很玄的词——用心。你做菜时用心，味道大都差不了，而不用心的时候，味道可能就不尽人意，个中缘由，需要自己慢慢体会吧……

最后，做菜是需要那么一点点的天赋的，不过，更需要坚持不懈地练习，熟能生巧，而用心则能做出爱的味道。

翻开书，一起来创造爱的味道吧。

图书在版编目（CIP）数据

吃货漫语 / 一树著. -- 青岛 :青岛出版社, 2013.3
ISBN 978-7-5436-9167-4
Ⅰ. ①吃… Ⅱ. ①一… Ⅲ. ①食谱 Ⅳ. ①TS972.12
中国版本图书馆CIP数据核字(2013)第043286号

书　　名　吃货漫语 Chihuo Manyu
著　　者　一　树
出版发行　青岛出版社
社　　址　青岛市海尔路182号（266061)
责任编辑　周鸿媛
特约编辑　肖　雷
装帧设计　宋修仪　王　芳　李晓靖
制　　版　青岛艺鑫制版印刷有限公司
印　　刷　青岛名扬数码印刷有限责任公司
出版日期　2015年1月第2版　2015年1月第2次印刷
开　　本　32开（889毫米 × 1194毫米)
印　　张　5
字　　数　100千字
书　　号　ISBN 978-7-5436-9167-4
定　　价　32.80元

编校质量、盗版监督服务电话 4006532017
（青岛版图书售出后如发现印装质量问题，请寄回青岛出版社出版印务部调换。
电话：0532-68068638）
本书建议陈列类别：美食绘本